Tecnologia Construtiva de Revestimento Decorativo Monocamada

SENAI-SP editora

Conselho editorial
Paulo Skaf (Presidente)
Walter Vicioni Gonçalves
Débora Cypriano Botelho
Ricardo Figueiredo Terra
Roberto Monteiro Spada
Neusa Mariani

 *Informações* **Tecnológicas**

Comissão editorial
Milton Gava
Osvaldo Lahoz Maia
João Ricardo Santa Rosa
Vilson Polli
Adelmo Belizário
Ophir Figueiredo Júnior
José Carlos Dalfré

**Escola Senai Orlando
Laviero Ferraiuolo**

Abílio José Weber (Diretor)

Editor
Rodrigo de Faria e Silva

Editora assistente
Ana Lucia Sant'Ana dos Santos

Capa e produção gráfica
Paula Loreto

Apoio
Camilla Catto
Valquíria Pama

Revisão
Gisela Carnicelli
Danielle Mendes Sales

Projeto gráfico original
Estúdio Bogari

Diagramação
Lura Editorial

Fotos
Weber (gentilmente cedidas às autoras)
Acervo das autoras

Fotos da capa
Weber

Ilustrações
JVerginio

Copyright © Senai-SP Editora, 2013

Dados Internacionais de Catalogação na Publicação (CIP)

Crescencio, Rosa Maria
    Tecnologia construtiva de revestimento decorativo monocamada/ Rosa Maria Crescencio, Mércia Maria S. Bottura de Barros. São Paulo: SENAI-SP editora, 2013.

    104p. il. (Série informações tecnológicas; Área construção civil)

    Bibliografia

    ISBN 978-85-65418-27-0

    1 . Argamassa decorativa 2. Revestimento decorativo monocamada I. Barros, Mércia Maria S. Bottura de II. Título

                                                              CDD – 690

Índices para catálogo sistemático:
1. Argamassa decorativa : Revestimento decorativo monocamada
Bibliotecárias responsáveis: Elisângela Soares CRB 8/6565
                                  Josilma Gonçalves Amato CRB 8/8122

Senai-SP Editora
Avenida Paulista, 1313, 4º andar, 01311 923, São Paulo – SP
F. 11 3146.7308 | editora@sesisenaisp.org.br

Rosa Maria Crescenci
Mércia Maria S. Bottura de Barros

Tecnologia Construtiva de Revestimento Decorativo Monocamada

Área Construção Civil

SÉRIE INFORMAÇÕES TECNOLÓGICAS

SENAI-SP editora

Agradecemos à empresa Weber-Quartzolit e a Francisco Lessa (gerente de produtos) pela parceria. Além do profissionalismo, não mediram esforços para colaborar e disponibilizar informações técnicas, materiais e imagens, que serviram como subsídios para a construção desta obra.

Prefácio

O setor da construção de edifícios no Brasil é conservador e aparentemente resistente às inovações tecnológicas em substituição às técnicas e materiais tradicionais, alguns utilizados há centenas de anos. Dentre os principais motivos dessa resistência está o fato de que, com frequência, essas novas técnicas vêm acompanhadas de problemas patológicos que comprometem a funcionalidade do edifício e estão associados à redução da vida útil da construção, a custos de manutenção insuspeitados e a diversos outros custos. Essas ocorrências, por não serem consideradas no momento de decisão da mudança, contribuem para o abandono de métodos com excelente potencial para incrementar a eficiência e promover a modernização do setor. Além disso, estimulam uma cultura de aversão às inovações, reforçando o conservadorismo do setor.

Analisando as possíveis causas dos muitos insucessos na introdução dessas novidades no mercado, nos últimos 30 a 40 anos, verifica-se que estão sempre relacionados à falta de domínio por parte de todos os agentes: projetistas, gestores do processo de produção, executores e muitas vezes aqueles que comercializam o produto.

Mas qual a justificativa para essa situação?

Infelizmente, o pouco domínio da tecnologia é decorrente da falta de informações consistentes sobre o processo de produção da inovação que sejam fundamentadas em pesquisas e desenvolvimentos locais, os quais, além de servirem para adaptar e integrar a inovação à cultura, às necessidades e particularidades da indústria de construção brasileira, são essenciais para se identificar previamente e corrigir os eventuais problemas e limitações.

Este livro, focado na tecnologia construtiva do revestimento decorativo mononocamada, vem suprir essa necessidade de informação técnica precisa, exaustiva e consistente sobre essa inovação que, acredito, tem um grande potencial para substituir, com vantagens, os revestimentos tradicionais. Ele é resultado de um profundo trabalho de pesquisa das autoras, realizado nos laboratórios da Escola Politécnica da Universidade de São Paulo (USP) e em canteiros de obras durante mais de três anos.

Fundamentando-se nas pesquisas realizadas, as autoras propõem um conjunto de diretrizes para projeto, execução, uso e manutenção dessa nova tecnologia que possibilitará àqueles que irão empregá-la fazerem-no corretamente, com eficiência e eficácia, de modo a usufruir de suas vantagens potenciais, obter o desempenho e qualidade esperados e reduzir o risco de ocorrências de problemas que possam vir a comprometer seu desempenho ao longo do tempo.

Tenho trabalhado com as autoras há muitos anos na Escola Politécnica e posso atestar a competência, seriedade e dedicação com que conduzem as pesquisas sob sua responsabilidade. E posso afirmar que compartilho do principal objetivo que as motivou a publicar este livro – suprir o setor da construção de edificações de conhecimento útil, prático e de fácil absorção sobre novas tecnologias, a fim de colaborar para a modernização desse setor.

Prof. Dr. Fernando Henrique Sabbatini
Docente do Departamento de Engenharia de
Construção Civil da Escola Politécnica da
Universidade de São Paulo (USP)

Apresentação

O livro *Tecnologia Construtiva de Revestimento Decorativo Monocamada*, escrito pelas engenheiras civis Rosa Maria Crescencio e Mércia Maria S. Bottura de Barros, contribui como meio de disseminação das tecnologias não tradicionais, tendo em vista sua utilização pela cadeia produtiva da construção de edifícios. A publicação apresenta e discute a tecnologia de produção do revestimento decorativo monocamada, que é constituído por argamassa de base cimentícia aplicada às edificações, visando, contribuir para um melhor entendimento do processo e estabelecimento de boas práticas de execução.

Dividido em seis capítulos, o livro mostra o histórico do uso desse sistema de revestimento e seu comportamento, além das diretrizes de projeto e de execução, bem como informações sobre o processo de manutenção.

A publicação ainda traz uma sequência, passo a passo, com orientações voltadas para a execução do revestimento, as atividades que antecedem a sua execução, os cuidados a serem tomados durante a aplicação do revestimento e os principais meios de controle de produção.

Salienta-se ainda a importância do Senai-SP como veículo divulgador de trabalhos relevantes para os meios técnicos e tecnológico, que estão disponíveis nas publicações que integram a coleção Informações Tecnológicas da Senai-SP Editora. Neste trabalho, em especial, o Senai-SP estende sua participação no meio acadêmico, com a expectativa de fornecer indicações e informações científicas acerca dos resultados de desempenho, pautados na observação e na confirmação obtida por meio de pesquisa e ensaios tecnológicos, que reforçam a eficiência de aplicação dessa técnica.

Abílio José Weber
Diretor da Escola SENAI Orlando
Laviero Ferraiuolo

Sumário

1. Introdução   15
2. Histórico do uso do sistema RDM   17
3. O sistema RDM   25

   3.1. Funções e caracterização do sistema RDM   25

   3.2. Argamassa decorativa para RDM   27

   3.3. Bases para aplicação do RDM   29

   3.4. Desempenho, características, propriedades e vida útil do sistema   31

      3.4.1. Capacidade de aderência ao substrato   34

      3.4.2. Capacidade de absorver deformações   35

      3.4.3. Integridade física   36

      3.4.4. Estanqueidade   38

      3.4.5. Características superficiais   39

      3.4.6. Durabilidade e vida útil   40

   3.5. Limitações de uso   41

   3.6. Normas associadas ao RDM   41

4. Diretrizes para projeto   45

   4.1. Características geométricas, superficiais e mecânicas   46

   4.2. Detalhes construtivos   48

      4.2.1. Detalhes que evitam a ação da água de chuva   48

      4.2.2. Proteção contra ações mecânicas   50

      4.2.3. Juntas de movimentação   52

      4.2.4. Frisos   54

      4.2.5. Posicionamento de telas   55

   4.3. Síntese das diretrizes de projeto   57

5. Diretrizes para execução   59

   5.1. Atividades que antecedem a execução   59

      5.1.1. Condições para início do serviço   59

      5.1.2. Materiais, equipamentos e mão de obra   60

      5.1.3. Sequência de atividades de execução   66

      5.1.4. Preparo de base   69

   5.2. Definição do plano de referência   72

   5.3. Execução do RDM   73

      5.3.1. Mistura da ARDM   73

      5.3.2. Aplicação mecânica   74

5.3.3. Aplicação manual   78

5.3.4. Acabamentos   80

5.3.5. Frisos   84

5.3.6. Controle de execução   84

5.3.7. Controle de recebimento   89

6. Manutenção   91

6.1. Inspeção das fachadas, conservação e limpeza   91

6.2. Principais problemas no RDM   93

6.2.1. Fissuras ou trincas   93

6.2.2. Perda de aderência   94

6.2.3. Alteração no aspecto original do RDM   94

Considerações finais   97

Referências bibliográficas   98

1. INTRODUÇÃO

A utilização de revestimento de argamassa em fachadas de edifícios é uma prática tradicional no Brasil que remonta ao início de sua colonização. Apesar de seu uso intenso ao longo dos anos, os estudos sobre tal elemento são singelos se comparados à sua importância para o desempenho do edifício. Além disso, mesmo com os princípios de racionalização propostos para sua produção, ainda ocorre desperdício de materiais, seja pela geração de resíduos, seja por perdas incorporadas decorrentes de espessuras elevadas originadas por falhas em etapas anteriores. Somam-se a isso os problemas que podem ocorrer ao longo da vida útil do revestimento, os quais aumentam os custos de manutenção do edifício.

Em paralelo à realidade dos revestimentos de argamassa, muitas mudanças vêm ocorrendo na construção civil brasileira, motivadas, principalmente, por fatores como globalização, maior competição no mercado e exigência crescente por parte dos consumidores. Tais fatores, associados à elevada demanda de produção, com consequente redução na disponibilidade de recursos, têm exigido que as empresas construtoras avaliem os custos globais de produção, ou seja, além dos custos diretos devem ser considerados os de operação e manutenção do edifício ao longo da sua vida útil. Com isso, a busca pelo domínio de todas as etapas do processo de produção – projeto, execução, uso e manutenção – e também por inovações tecnológicas e organizacionais tem sido crescente. É nesse cenário que se insere o *revestimento decorativo monocamada* (RDM), cujas características tecnológicas permitem suprimir etapas do processo de produção do revestimento de fachada e, por isso, quando utilizado adequadamente, resulta em importante economia de recursos naturais, de mão de obra e de prazo de execução e, por consequência, em um revestimento de menor custo.

Nesse contexto, este trabalho tem por objetivo proporcionar ao leitor condições para que tenha o domínio da tecnologia construtiva do RDM. Para isso, inicia-se pelo entendimento de suas características tecnológicas; na sequência, são focadas as exigências de desempenho que deverá atender, bem como as diretrizes de projeto, execução, controle e manutenção.

2. HISTÓRICO DO USO DO SISTEMA RDM

A técnica tradicional de produção de revestimento de argamassa à base de aglomerante hidráulico, particularmente com matriz cimentícia, até por volta de fins da década de 1970, consistia na aplicação de uma camada de chapisco, comumente utilizada como preparo de base, sobreposta por duas camadas: emboço e reboco.

Nesse sistema, o chapisco é usualmente empregado para potencializar a aderência da camada de revestimento à base, ainda que exerça duas outras importantes funções, comumente desconsideradas pelo meio técnico: auxiliar na estanqueidade do revestimento e uniformizar a absorção da base, possibilitando condições adequadas para a execução da camada que o sobrepõe.

O emboço, tratado como corpo do revestimento, é usualmente empregado para regularizar a superfície do vedo vertical, assegurando sua planicidade para receber a camada de acabamento. E, no entanto, essa camada também tem funções nem sempre consideradas. É ela que suporta as tensões decorrentes da movimentação da base, além de contribuir muito para a estanqueidade do sistema.

Por fim, tem-se o reboco não pigmentado, quando o acabamento decorativo é pintura, ou pigmentado, sendo então conhecido como argamassa decorativa, dispensando a pintura. Também como camada decorativa aplicada sobre emboço é comum o emprego de placas cerâmicas. Essa camada final, além de constituir o acabamento, desempenhando uma função estética, é responsável por suportar as deformações decorrentes principalmente das variações térmica e higroscópica a que o revestimento está sujeito. [40, 63]

Nas últimas décadas do último milênio, esse revestimento tradicional passou a sofrer alterações sucessivas visando reduzir etapas de sua produção e, com isso, aumentar a produtividade, diminuir o consumo de materiais e, por consequência, reduzir o custo direto do serviço. Assim, essa forma de produzir deu lugar ao revestimento de camada única, que substituía o emboço e o reboco, e que preservava o chapisco como preparo de base. Essa técnica de execução do revestimento, usualmente denominada "emboço ou reboco paulista", tornou-se a prática comum, portanto, tradicional, na maior parte do país nos casos em que o acabamento decorativo é a pintura. Nessa técnica, a camada única é responsável pelas funções antes desempenhadas pelas camadas de emboço e reboco. [27]

As alterações nos revestimentos, principalmente os de fachada, não pararam por aí, pois a busca por inovações que possibilitem racionalizar os processos produtivos é contínua e, com isso, novos produtos e tecnologias são constantemente introduzidos no mercado nacional.

É nesse contexto que é introduzido o *revestimento decorativo monocamada* (RDM), de origem francesa, cuja tecnologia foi desenvolvida como alternativa ao revestimento de argamassa e pintura, com vistas à racionalização do processo de execução, pois, além de ser de pequena espessura, permite suprimir uma das etapas de obra: a pintura do revestimento de argamassa, que, além de consumir recursos (material e mão de obra), consome também tempo de execução.

Na Figura 2.1 são ilustradas essas modificações ocorridas no revestimento de fachada ao longo das últimas décadas.

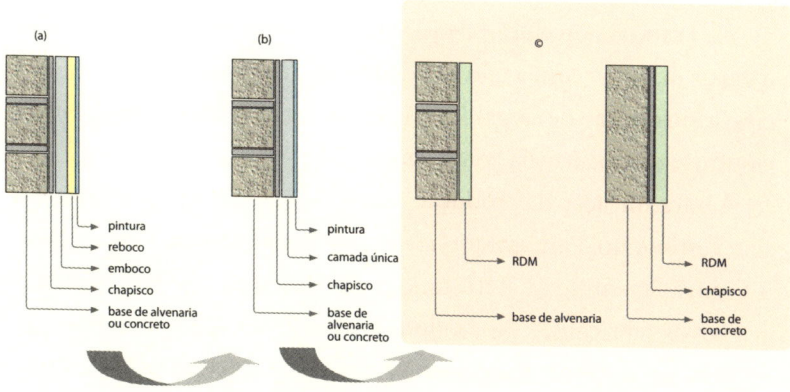

Figura 2.1. Modificações ocorridas no sistema de revestimento de argamassa para fachada de edifícios: (a) revestimento tradicional, utilizado preponderantemente até fins da década de 1970; (b) revestimento de camada única; base para pintura, que substituiu o tradicional e é largamente utilizado em todo país; (c) RDM sobre alvenaria (sem necessidade de chapisco) e estrutura de concreto (previamente chapiscada), utilizado a partir do início dos anos 2000.[1]

Os primeiros RDM foram introduzidos no mercado francês em 1969 e eram constituídos por argamassa de cimento branco, agregados e pigmentos, aplicada por projeção mecânica diretamente sobre substrato de alvenaria ou estrutura de concreto armado. A camada de revestimento, assim constituída, exercia as funções de todas as camadas do revestimento tradicional: regularização, absorção de deformações intrínsecas e extrínsecas, estanqueidade, acabamento superficial e acabamento decorativo.

Sua formulação em relação à da argamassa de revestimento tradicional distinguia-se pela adição de polímeros que melhoravam a aderência à base e a reologia da argamassa que permitia adequada trabalhabilidade e fluidez, facilitando a utilização de equipamento de projeção, além de reduzir a permeabilidade da camada produzida. [54]

[1] Figuras, quadros e tabelas cuja fonte não está mencionada foram elaboradas pelas autoras.

Na França, a produção de RDM diversificou-se e intensificou-se a partir de 1973, com a entrada de muitos fabricantes no mercado e com a introdução de cargas leves (perlita, vermiculita e pedra pomes) e outros aditivos na sua composição. [54]

A intensificação da produção resultou em muitos problemas nesse revestimento. Para evitar que eles comprometessem a tecnologia, o Centre Scientifique et Technique du Bâtiment (CSTB) passou a avaliar os fabricantes do produto e a partir de 1993 foi publicada importante documentação técnica definindo as condições de utilização [36] e, a partir de então, inúmeros tipos de RDM passaram a ser produzidos pelo mercado francês, formulados especificamente para diferentes substratos e regiões daquele país (*vide* Figura 2.2).

Registra-se também o emprego desse revestimento em outros países europeus, em especial Bélgica, Espanha, Portugal e Itália (*vide* Figura 2.3) e países asiáticos, como Taiwan (*vide* Figura 2.4).

Figura 2.2. Edifício contemporâneo francês revestido com RDM. [59]

(a)

(b)

Figura 2.3. (a) Edifício italiano revestido com RDM; (b) edifícios espanhóis revestidos com RDM, destacando-se a intensa presença de juntas na fachada. [59]

Figura 2.4. Edifício em Taiwan revestido com RDM. [59]

O RDM chegou ao Brasil, mais precisamente na cidade de São Paulo, no final da década de 1990, quando algumas construtoras importaram produtos de origem francesa e espanhola.

Naquele momento, as argamassas foram empregadas em obras de pequeno porte; porém, a tecnologia enfrentou muitos problemas de ordem técnica e econômica, que desmotivaram sua divulgação em escala de mercado. [44]

No início dos anos 2000, esse produto foi reintroduzido no mercado nacional, inicialmente em São Paulo, migrando posteriormente para as regiões Sudeste, Sul, Norte e Nordeste (*vide* exemplos na Figura 2.5).

Até o inicio de 2011, segundo dados fornecidos pelos principais fabricantes do produto, mais de 6.000.000 m² de revestimento de fachadas com RDM tinham sido executados em todo o Brasil.

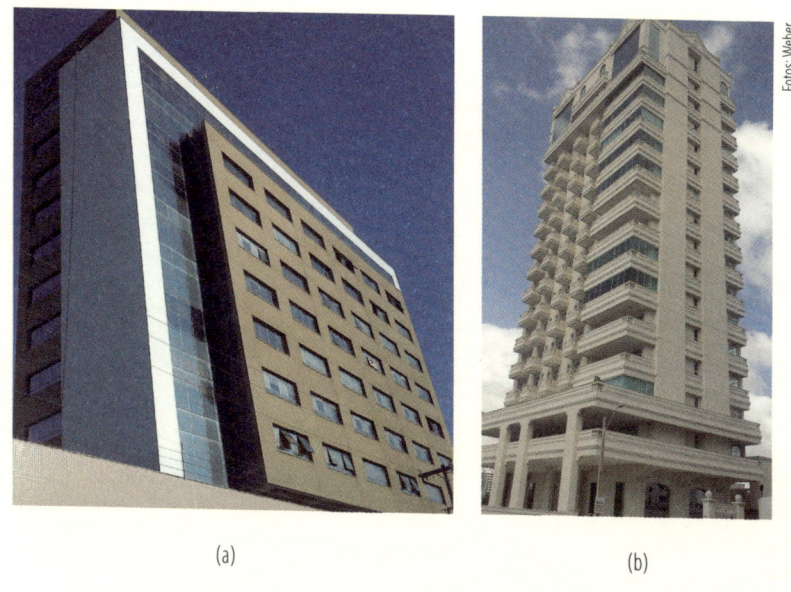

Figura 2.5. (a) Edifícios em Itajaí (SC) e (b) São Luís (MA) revestidos com RDM (2012).

3. O SISTEMA RDM

3.1. Funções e caracterização do sistema RDM

O RDM, assim como qualquer outro revestimento, é empregado para atender funções específicas no edifício [63]:
- proteger os elementos de vedo do edifício da ação direta de agentes agressivos (*vide* Figura 3.1);
- auxiliar a vedação vertical a cumprir suas funções: isolamento térmico e acústico, estanqueidade à água e aos gases, segurança contra a ação do fogo e intrusões e resistência mecânica da própria vedação;
- proporcionar acabamento final ao conjunto vedação, desempenhando função estética e de valorização econômica do edifício, além de cumprir funções relacionadas ao uso, como sanidade, higiene e segurança de utilização.

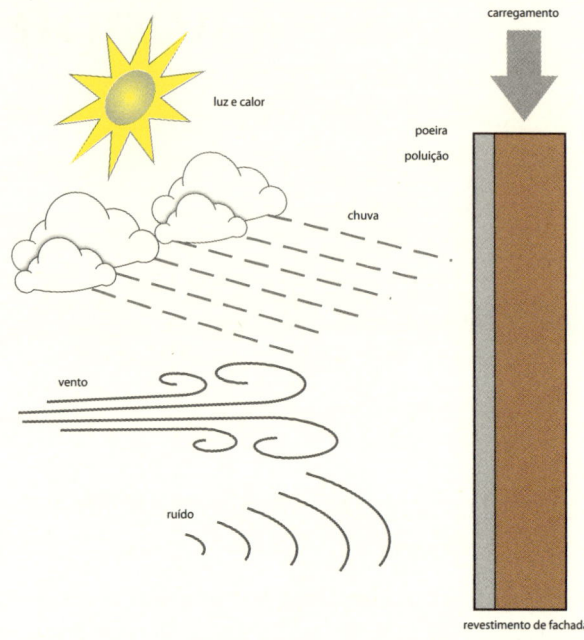

Figura 3.1. Solicitações que sofrem as fachadas de edifícios e, em particular, os seus revestimentos. [67]

O revestimento decorativo monocamada (RDM) é definido como:

Um revestimento monolítico, de pequena espessura, produzido a partir da aplicação, em camada única, de uma argamassa de base cimentícia com pigmento incorporado à sua composição, podendo receber, na superfície, acabamento raspado, travertino, chapiscado, desempenado ou alisado. [44]

É produzido com argamassa para revestimento decorativo monocamada (ARDM), item 3.2, que pode ser aplicada diretamente sobre substratos previamente preparados, tanto de alvenaria como de concreto estrutural, com espessura mínima de 15mm e máxima de 30mm. [36]

3.2. Argamassa decorativa para RDM

O principal constituinte do sistema de revestimento decorativo monocamada é sua argamassa, a ARDM, definida como "argamassa de base cimentícia, com pigmento incorporado à sua composição, que permite a produção de RDM" [44].

É usualmente constituída pela mistura homogênea dos seguintes materiais básicos, que podem variar em função das condições e locais de utilização e também do fabricante: [51]

- cimento branco estrutural;
- agregado proveniente de dolomita (composto de agregados minerais trigonais de carbonato de cálcio e magnésio), com diâmetro máximo de 1,2mm;
- cal hidratada;
- pigmentos minerais inorgânicos;
- aditivos: retentor de água, incorporador de ar, fungicidas e plastificantes.

O produto consiste em um material em pó, fornecido em sacos, usualmente de 30kg, pronto para ser misturado com água em quantidade previamente definida pelo fabricante.

O produto é disponibilizado em diferentes cores e a composição e a dosagem são definidas considerando-se as condições ambientes de distintas regiões do país – particularmente Sul, Sudeste e Nordeste, bem como os materiais localmente disponíveis.

A ARDM, por conter pigmentos, é uma argamassa suscetível à variação de tonalidade em função da variação da quantidade de água de mistura e da umidade relativa do ar.

Como referências das características das ARDM disponíveis no mercado apresentam-se no Quadro 3.1 os resultados da caracterização realizada para produtos de dois fabricantes nacionais (A) e (B) e para uma argamassa tradicional industrializada do tipo massa única para recebimento de pintura.

Quadro 3.1. Caracterização da ARDM para produtos de dois fabricantes e de uma argamassa industrializada do tipo massa única*

Estados	Características	Norma	Argamassa industrializada	ARDM A	ARDM B
Anidro	Massa específica (g/cm³) – produto anidro	NBR NM23	2,72	2,86	2,85
Úmido – argamassa fresca	Retenção de água (%)	NBR 13.277	99	99	99
	Densidade de massa (kg/m³)	NBR 13.278	1.995	1.843	1.860
	Teor de ar incorporado (%)	NBR 13.278	11	17	18
Endurecido em corpos de prova	Densidade de massa aparente no estado endurecido (kg/m³)	NBR 13.280	1.847	1.622	1.599
	Resistência à tração na flexão (MPa)	NBR 13.279	1,8	3,1	4,1

(continua)

Estados	Características	Norma	Argamassa industrializada	ARDM A	ARDM B
Endurecido em corpos de prova	Resistência à compressão (MPa)	NBR 13.279	5,6	6,8	9,0
	Módulo de elasticidade dinâmico (GPa)	NBR 15.630	9,9	8,4	11,3
	Variação dimensional (mm/m)	NBR 15.261	-0,59	-1,02	-0,90
	Absorção de água por capilaridade e do coeficiente de capilaridade (g/dm^2.min$^{1/2}$)	NBR 15.259	0,72	0,14	0,07
Argamassa aplicada na forma de revestimento	Resistência potencial de aderência à tração (MPa)	NBR 15.258	0,51	0,71	0,95

*Conforme normas vigentes (ensaios realizados em julho e setembro de 2012).

3.3. Bases para aplicação do RDM

A maioria das obras brasileiras tem como sistema estrutural elementos estruturais de concreto armado que formam um reticulado usualmente preenchido com vedo de alvenaria de blocos de concreto ou cerâmicos. Outro sistema estrutural muito comum é a alvenaria estrutural executada com blocos de concreto, cerâmicos ou sílico-calcários. Mais recentemente, vêm sendo produzidas as paredes maciças de concreto armado.

Essas diferentes bases apresentam características como absorção de água, porosidade, resistência mecânica, movimentação higrotérmica, rugosidade superficial e homogeneidade, as quais influenciam no comportamento do revestimento, seja ele tradicional ou o RDM. [57]

As características da base interferem, principalmente, na resistência mecânica do revestimento e, em especial, na sua resistência de aderência. Além disso, a base ou substrato influencia também na espessura do revestimento, pois, quanto mais regular for, menor poderá ser a espessura do revestimento, respeitando--se o mínimo estabelecido pelas normas vigentes ou, na ausência dessas, para a tecnologia.

A ARDM, por ser uma argamassa de base cimentícia com composição semelhante à das argamassas tradicionais, em princípio poderia ser aplicada em quaisquer das bases anteriormente citadas; no entanto, por ser pigmentada, é especificada para aplicação em pequena espessura e, por tal motivo, contém aditivos que dificultam sua aplicação em espessuras além daquelas para a qual foi projetada. Portanto, o substrato deve apresentar elevada regularidade superficial; caso contrário será necessário o aumento da espessura da camada, o que levará a dificuldades construtivas e ao aumento do custo do sistema, o que poderá inviabilizar sua aplicação.

Base com grande rigor geométrico é exigida nas tecnologias de alvenaria estrutural – de blocos de concreto ou cerâmicos – e nas paredes maciças de concreto, pois, nesse caso, vedo e estrutura são um único subsistema. Quando a estrutura é reticulada de concreto, há uma dicotomia entre estrutura e vedo e, por isso, os controles geométricos acabam sendo mais tolerantes, ocorrendo, muitas vezes, grande variação no prumo dos edifícios.

No Brasil há muitos edifícios com estrutura reticulada de concreto e alvenaria de blocos em que o RDM foi aplicado. E, entretanto essa não é a condição ideal para a sua utilização. Usualmente, tais edifícios são altos e, com isso, a possibilidade de ocorrer desaprumos expressivos é maior. Quando o desaprumo do edifício exige espessuras de revestimento acima de 30mm, dificilmente o RDM será uma tecnologia competitiva, ainda que se possa suprimir a etapa de pintura. É por isso que, nos últimos anos, o RDM tem sido muito mais empregado em edifícios de alvenaria estrutural. Pode ser empregado, também, em edifícios de paredes maciças de concreto.

3.4. Desempenho, características, propriedades e vida útil do sistema

Para cumprir adequadamente suas funções, o RDM deve atender aos requisitos e critérios de desempenho estabelecidos para os revestimentos em geral. Assim, além de atender às exigências estabelecidas pelas normas específicas dos revestimentos de argamassa (item 3.6), por não receber um sistema de pintura, também deverá atender às funções usualmente reservadas a esse acabamento decorativo. O RDM deverá atender, também, às exigências de desempenho estabelecidas pela ABNT NBR 15.575 – parte 4 (2012) [25], que trata da avaliação de desempenho de vedações externas. Um dos requisitos exigidos por essa norma é a resistência ao impacto de corpo duro. Por esse requisito, a vedação vertical exterior (fachada), quando avaliada pelo método de ensaio definido pela ABNT NBR 11.675 (1990) [7], não pode apresentar ocorrência de falha no revestimento.

A norma de desempenho também estabelece exigências relativas à estanqueidade, à durabilidade e à manutenibilidade da fachada, as quais estão relacionadas diretamente ao revestimento, uma vez que ele é a parte mais visível do edifício. [34] Portanto, o desempenho do revestimento é condicionado tanto pela intensidade das ações a que estará submetido ao longo de sua vida útil quanto pelas suas características intrínsecas, decorrentes de diversos fatores ligados ao seu processo de produção, os quais estão sintetizados no Quadro 3.2.

Quadro 3.2. Fatores que condicionam o desempenho do revestimento de fachada [67]

ETAPAS DO PROCESSO DE PRODUÇÃO		
	Concepção do edifício	• concepção das fachadas considerando proteção contra ação da água de chuva • concepção da estrutura com rigidez tal que minimize sua deformação • concepção do vedo de modo que tenha regularidade geométrica superficial e baixa deformação
	Projeto do revestimento	• consideração dos principais agentes atuantes e sua real intensidade • especificação dos requisitos de desempenho do revestimento • especificação das espessuras das camadas • especificação de detalhes construtivos que protejam a fachada contra ação da água e minimizem o efeito das tensões resultantes das ações a que o revestimento está sujeito
	Materiais	• definição das características e propriedades da argamassa adequadas às condições de exposição e às características do substrato
	Planejamento	• respeito aos prazos mínimos estabelecidos pela "boa prática" de produção do revestimento

(continua)

ETAPAS DO PROCESSO DE PRODUÇÃO	Execução	• controle de recebimento e do preparo dos materiais • uso de mão de obra qualificada • emprego de procedimento de produção adequado • técnica de execução do acabamento final adequada
	Controle	• controle durante o processo de execução • controle de recebimento do serviço
	Uso e manutenção	• definição da periodicidade e dos procedimentos de manutenção

Cada uma das fases do processo de produção pode ter maior ou menor interferência no desempenho do revestimento. Por exemplo, a estanqueidade global da envoltória é assegurada tanto pelos detalhes construtivos, propostos na concepção do edifício, que afastem a água de chuva, quanto pela baixa movimentação do substrato e pela correta execução a fim de evitar o aparecimento de fissuras; além disso, o emprego de argamassa com baixa capilaridade e a correta técnica de execução podem resultar em baixa permeabilidade do revestimento, melhorando, com isso, as condições de estanqueidade. Também a espessura do revestimento pode influenciar na obtenção desse requisito de desempenho. [1, 46]

Para responder adequadamente às exigências impostas aos revestimentos de fachada, quando sujeitos a ações de diversas naturezas, tanto durante a execução como ao longo da vida útil do edifício, o RDM deve apresentar determinadas características e propriedades, sendo as principais registradas no Quadro 3.3 e discutidas na sequência.

Quadro 3.3. Características e propriedades a serem avaliadas no revestimento de fachada [42, 57]

Características	Propriedades a serem avaliadas no revestimento
Capacidade de aderência ao substrato	resistência de aderência à base relativa a esforços de tração direta e cisalhamento
Capacidade de absorver deformações	módulo de deformação
Integridade física	resistência mecânica – de corpo e superficial
Estanqueidade	permeabilidade; porosidade; índice de fissuração
Características superficiais	características geométricas e resistência superficial adequadas à ação de agentes agressivos
Durabilidade e vida útil	facilidade de manutenção e conjugação das propriedades anteriores

3.4.1. Capacidade de aderência ao substrato

Em revestimento de argamassa de base cimentícia, o termo capacidade de aderência é usado para descrever a resistência da interface entre o revestimento (camada de argamassa) e a base (ou substrato), quando submetida a esforços de tração ou cisalhamento. Pode-se dizer que a capacidade de aderência do revestimento é uma composição entre a resistência à tração direta e a resistência ao cisalhamento, as quais são condicionadas, entre outros fatores, pela extensão de aderência, que corresponde à razão entre a área de contato efetivo argamassa-substrato e a área total possível de ser unida. [57]

Quando a extensão de aderência é pequena, os revestimentos ficam mais propícios a perder a aderência ao serem geradas tensões na interface base-revestimento decorrentes de variações volumétricas diferenciais próprias ou do substrato. Essas tensões e a consequente quebra das ligações entre substrato e revestimento afetam a durabilidade da aderência dos revestimentos, podendo levar ao seu destacamento ao longo da vida útil do edifício. [70]

Os fatores que exercem influência na resistência de aderência estão relacionados às características do substrato, ao tipo de argamassa, à técnica de execução e às condições ambientais durante a execução do revestimento [57], os quais são amplamente discutidos por diferentes autores em diversos trabalhos publicados, principalmente, no Simpósio Brasileiro de Tecnologias das Argamassas (SBTA), um dos mais importantes eventos sobre o tema [66]; por isso, não serão aqui discutidos.

A resistência da aderência à tração direta do revestimento pode ser avaliada pelo ensaio de arrancamento por tração direta, cujo procedimento é descrito na ABNT NBR 13.528 (2010). [15] Os limites mínimos de resistência à tração avaliada por esse ensaio são estabelecidos na ABNT NBR 13.749 (1996) [18] para os revestimentos de fachada como sendo de 0,30MPa, tanto para os que receberão acabamento de pintura quanto para os que receberão placas cerâmicas. Essa mesma referência, portanto, deve ser observada para os RDM.

3.4.2. Capacidade de absorver deformações

A capacidade de absorver deformações é uma propriedade equacionada pela resistência à tração e pelo módulo de deformação do revestimento. É a propriedade que permite ao revestimento deformar-se sem ruptura visível ou por microfissuras imperceptíveis, quando os esforços de tração oriundos de pequenas deformações intrínsecas ou extrínsecas ao revestimento ultrapassam os seus limites de resistência. [57]

Maciel et al. [57] destacam que a capacidade de absorver deformações depende:

- **do módulo de elasticidade da argamassa:** em argamassas de base cimentícias, em geral, quanto menor for seu módulo de elasticidade, maior será sua capacidade de absorver deformações e, portanto, também do revestimento;
- **da espessura das camadas:** espessura maior contribui para melhorar essa propriedade porque as tensões podem ser dissipadas ao longo da espessura dos revestimentos; [70]
- **das juntas de trabalho:** as juntas delimitam painéis com dimensões menores, permitindo, com isso, minimizar o efeito das deformações e, por consequência, o aparecimento de fissuras prejudiciais.

No caso específico do RDM, sua espessura reduzida deverá ser compensada pelo emprego de uma argamassa com mais capacidade de absorver deformações do que as tradicionais e/ou os painéis de revestimento deverão apresentar juntas adequadamente espaçadas e devidamente previstas em projeto.

3.4.3. Integridade física

Propriedade relacionada à resistência mecânica do revestimento, particularmente, pela sua capacidade de resistir às tensões de tração, compressão ou cisalhamento, mantendo sua integridade física. Está fortemente relacionada à capacidade de absorver deformações, à resistência de aderência, de corpo e superficial, da camada de revestimento.

De maneira geral, a resistência mecânica depende da composição e dosagem dos constituintes da argamassa, das condições ambientais, da técnica de execução e das condições de secagem do revestimento, que são praticamente os mesmos elementos que influenciam na resistência de aderência.

Também essa característica foi largamente discutida em literatura especializada e, por isso, sua análise não será aqui prolongada; entretanto, a resistência superficial é importante quando o RDM é aplicado em áreas sujeitas a trânsito intenso de pessoas ou a choque ou abrasão frequentes. Uma vez que o RDM é a própria camada decorativa, qualquer dano provocado na sua superfície acarretará na necessidade de remoção e manutenção de um pano maior do revestimento, uma vez que dificilmente possibilita emenda sem deixar variação na tonalidade.

A avaliação da resistência superficial tem sido realizada, em geral, por meio de alguns ensaios que buscam medir diferentes parâmetros, dentre os quais [2]: resistência à abrasão (LNEC. FE Pa 28) [53]; resistência ao impacto (LNEC. FE Pa 25) [52]; e dureza superficial (MR9 RILEM, 1982). [61]

No Brasil não há norma específica para a medição dessa propriedade; no entanto, alguns pesquisadores e profissionais têm proposto o uso do ensaio prescrito pela ABNT NBR 13528 [15] adaptado para avaliar a resistência à tração superficial do revestimento. A adaptação consiste em não cortar o corpo de prova até o substrato, colando-se a pastilha metálica diretamente sobre a superfície do revestimento para depois tracioná-la. Não há parâmetros normativos para avaliação dos resultados obtidos, os quais são usualmente utilizados para uma análise qualitativa quando se comparam diferentes revestimentos.

3.4.4. Estanqueidade

A estanqueidade à água é uma propriedade da vedação vertical como um todo. Portanto, depende das características do vedo e dos revestimentos e também das esquadrias utilizadas. No que se refere aos panos sem esquadrias, um adequado revestimento de argamassa pode garantir 100% da estanqueidade de uma fachada, independentemente das características do vedo. [1, 26]

São diversos os fatores que influenciam na estanqueidade do revestimento, destacando-se: a natureza e a granulometria dos materiais que constituem a argamassa, que pode resultar em uma camada mais ou menos compacta; a técnica de execução, possibilitando ou não a diminuição de vazios no interior do revestimento; a espessura do revestimento, que, quanto maior, dificulta a percolação de água; e o tipo de acabamento superficial que, dependendo da opção adotada, pode tamponar mais os poros superficiais, dificultando a penetração de água. [26] Também o baixo grau de fissuração do revestimento contribui para a estanqueidade, pois, quando existem fissuras, o caminho para percolação da água é direto até a base, comprometendo-se essa propriedade do revestimento.

A ABNT NBR 15.575 [25] estabelece os requisitos e critérios para avaliação da estanqueidade de fachadas. Segundo essa norma, o percentual máximo da soma das áreas das manchas de umidade na face oposta à incidência da água, em relação à área total do corpo de prova, deve ser de no máximo 5%.

Uma fachada produzida com o RDM deverá, portanto, atender a essa especificação. Como o RDM é produzido com pequena espessura e não recebe pintura, deverá ter sua capacidade de absorver deformações intrínsecas e extrínsecas potencializada para que se evitem as fissuras. Além disso, a argamassa nele empregada deverá apresentar granulometria tal que, empregando-se correta técnica de execução, possibilite a constituição de uma camada compacta com baixo índice de vazios. Crescencio e Barros [44], em trabalho de laboratório que envolveu especificamente os RDM, demonstram a importância de tais características no seu desempenho quanto à estanqueidade.

Além de ser estanque à água, é recomendável que o revestimento seja permeável ao vapor d'água para favorecer a secagem da umidade de infiltração acidental. [57]

3.4.5. Características superficiais

As características superficiais dos revestimentos – geométricas e de acabamento – estão ligadas principalmente à sua técnica de execução. O controle geométrico durante a execução é fundamental para que se tenha uma superfície plana. Esse controle depende dos recursos utilizados para a definição do plano de referência (item 5.2).

A técnica utilizada para realizar o acabamento superficial da camada de argamassa, assim como as próprias características da argamassa, influencia principalmente na rugosidade resultante, além do próprio aspecto visual.

O acabamento superficial do revestimento deve ser definido considerando-se as condições de exposição a que estará sujeito. Revestimentos com acabamentos superficiais muito rugosos, quando executados em regiões com maior índice de poluição, podem proporcionar maior adesão de partículas presentes no ar, como fuligem e poeira, ocasionando manchas na fachada. Além disso, a maior rugosidade contribui, ainda, para a retenção da água de chuva, podendo dificultar a rápida secagem do revestimento, criando, em consequência, um ambiente propício à proliferação de microrganismos, o que também resultará em manchas no revestimento. Entretanto, um revestimento com acabamento superficial liso dificulta o depósito de partículas, além de não reter a água superficialmente.

O RDM é executado, principalmente, com acabamento superficial raspado, travertino e chapiscado, que resulta em uma superfície rugosa, portanto, mais sujeita ao acúmulo de poeira e fuligem, sendo esse um dos principais problemas desse tipo de revestimento, a ser tratado no item 6.2.

3.4.6. Durabilidade e vida útil

A durabilidade do revestimento e, por consequência, a sua vida útil decorrem do equacionamento das propriedades anteriormente relacionadas, [67] as quais devem ser consideradas em todas as etapas de produção do revestimento. Por exemplo, as características da ARDM associadas à espessura excessiva e ou à elevada deformação intrínseca ou extrínseca do revestimento podem causar manifestações patológicas diversas, como fissuras e perda de aderência, dentre outras. [63]

Além disso, durante a fase de utilização ganha importância a facilidade de manutenção ou manutenibilidade, como estabelece a ABNT NBR 15.575 (2012). A falta de manutenção preventiva, por exemplo, pode levar ao acúmulo de sujeira ou microrganismos que provocam manchas, comprometendo as características estéticas do edifício, além de possibilitar maior insalubridade ao ambiente. Prever a frequência e a forma de limpeza da fachada é fundamental para o desempenho do RDM ao longo do tempo.

3.5. Limitações de uso

Segundo orientações do IPT [51] e dos fabricantes de ARDM, não é recomendado o emprego da tecnologia do RDM quando se tem os seguintes substratos:

- blocos fora dos padrões geométricos estabelecidos por norma;
- blocos de concreto celular;
- revestimentos orgânicos;
- de baixa resistência mecânica;
- horizontais, sujeitos a solicitações mecânicas;
- saturados;
- de material plástico ou metálico;
- contendo gesso;
- impermeabilizados;
- congelados ou extremamente quentes;
- superfícies de contato permanente com água ou solo;

Os fabricantes de ARDM também impõem restrições de aplicação em relação às condições ambientais, não se recomendando a execução do revestimento em dias chuvosos ou com previsão de chuva até após 6 horas da sua aplicação ou com temperaturas abaixo de 8ºC e superiores a 35ºC.

3.6. Normas associadas ao RDM

O histórico apresentado (item 2) evidencia que o RDM é uma tecnologia recente no Brasil. Possivelmente por isso, até o momento não foi objeto de normalização específica. Portanto, esse tipo de revestimento não se enquadra completamente na normalização vigente para os revestimentos de argamassa tradicionais.

Por exemplo, no que se refere à espessura do revestimento, a norma vigente [18] estabelece 20 a 30mm como espessura admissível para revestimento externo, sendo recomendado o limite superior, principalmente quando o acabamento decorativo é pintura. Como o revestimento decorativo monocamada permite espessura inferior (13 a 30mm), não atende a essa prescrição normativa; além disso, prescinde da pintura.

Há normas que poderiam ser diretamente aplicadas ao RDM, como, por exemplo, a ABNT NBR 13.530 (1995), que propõe uma classificação para os revestimentos de argamassa em geral [17], em que se define revestimento decorativo monocamada como "um revestimento de camada única, com acabamento de superfície que pode ser raspado, chapiscado, desempenado, alisado ou imitação travertino". Também a ABNT NBR 13.529 (1995) [16], de terminologia de revestimentos de argamassa, pode ser associada ao RDM. Por essa norma, o RDM poderia ser classificado como "revestimento de um único tipo de argamassa aplicada sobre a base em uma ou mais demãos".

Não há, entretanto, terminologia associada à pigmentação da argamassa que confere um acabamento decorativo ao revestimento independentemente da aplicação de pintura. Segundo a ABNT NBR 13.529 (1995) [16], o acabamento decorativo é definido como "revestimento aplicado sobre o revestimento de argamassa, como pintura, materiais cerâmicos, pedras naturais, placas laminadas, têxteis e papéis", ou seja, não contempla a argamassa pigmentada aplicada em camada única.

Por essa última terminologia, o acabamento decorativo sobrepõe um revestimento de argamassa (massa única ou emboço), o que não ocorre com o RDM, que, além de ter as mesmas funções do revestimento tradicional de camada única, assume, ainda, a função de acabamento decorativo, sem a necessidade de pintura.

O RDM, portanto, não é totalmente contemplado pelas normas nacionais vigentes, havendo a necessidade de que seja devidamente normalizado ou que as normas vigentes sejam revisadas de modo a contemplar as características da nova tecnologia.

A ausência de uma norma específica leva a que essa tecnologia, apesar de ter mais de 10 anos no mercado, ainda seja considerada inovação tecnológica. Por isso, um dos principais fabricantes nacionais de ARDM buscou a Referência Técnica do IPT (RT/IPT), um certificado de qualidade voltado a produtos inovadores ou com lacunas normativas. Essa referência atesta o desempenho adequado de um produto quando submetido a determinadas condições de utilização.

A emissão da primeira RT/IPT para um dos produtos data de 2003 [51]. Ela foi renovada até o ano de 2008, quando foi implantado o Sistema Nacional de Aprovação Técnica (SiNAT), do Programa Brasileiro de Qualidade e Produtividade do Habitat, que passou a ser a instância de avaliação técnica de produtos e tecnologias inovadores não regidos por normas nacionais. [58]

O SiNAT concede, a partir da avaliação de desempenho de novos sistemas, um Documento de Avaliação Técnica (DATec) com validade de dois anos, que pode ser renovado. A avaliação é realizada a partir de um documento denominado Diretriz para Avaliação Técnica (Diretriz SiNAT). A diretriz para avaliação de produtos destinados à produção de RDM foi aprovada em junho de 2012, portanto, a partir dessa data, os produtos disponíveis no mercado passaram a ser avaliados por essa nova metodologia.

A avaliação específica para cada produto deverá ser realizada enquanto uma norma específica não for desenvolvida para essa tecnologia de revestimento.

4. DIRETRIZES PARA PROJETO

O edifício – como produto final da indústria da construção civil – deve ter desempenho compatível com as exigências dos usuários. Para tanto, deve ser resultado de atividades adequadamente planejadas a partir de um projeto – tanto do produto como do processo de produção, tal como ocorre com a estrutura, os sistemas prediais e outras partes do edifício.

O projeto do revestimento, além de contemplar suas características físicas, como espessura, exigências de acabamento superficial, detalhes construtivos, dentre outras, deve prever também as propriedades que permitam ao revestimento atender aos requisitos de desempenho exigidos, considerando-se a vida útil e as solicitações previstas. Além disso, deverá contemplar as características de produção, definindo os materiais a serem utilizados em função da região de localização do edifício, da espessura prevista, das condições do substrato e dos requisitos de desempenho previamente definidos. O projeto do processo de produção, por sua vez, como destacado por outros autores [26], deve conter os elementos que permitam sua adequada execução, incluindo a organização do canteiro, a definição clara dos equipamentos, a sequência de execução, e o controle de execução e de recebimento do produto final, bem como diretrizes para manutenção.

Visando contribuir para que o projeto do RDM possa ser elaborado adequadamente, as principais propriedades exigidas do revestimento e os seus principais detalhes construtivos são aqui abordados.

4.1. Características geométricas, superficiais e mecânicas

Para que o revestimento apresente desempenho compatível com a vida útil exigida para a fachada, uma característica importante é a sua espessura. A ABNT NBR 13749 (1996) estabelece para esses revestimentos espessura mínima de 20mm e máxima de 30mm [18]. Não há referência normativa no Brasil para o RDM. O Centre Scientifique et Technique du Bâtiment (CSTB) [36] especifica como espessura média para o RDM de 12 a 15mm.

A norma EN 13914-1:2005 [48] indica valores de referência de espessuras mínimas de aplicação do RDM segundo o tipo de substrato (conforme mostra o Quadro 4.1).

Quadro 4.1. Espessuras mínimas para o RDM segundo a EN 13914-1:2005 [48]

Substrato	Espessuras mínimas (mm)	
	Sem acabamento final	Com acabamento final
Concreto armado	10	6
Outros substratos	Conforme especificações do fabricante	15

O RDM utilizado no Brasil tem origem europeia. Lá, as espessuras utilizadas para sua aplicação variam de 12 a 15mm, de acordo com a tipologia construtiva; consequentemente, o meio técnico adotou a espessura mínima abaixo do estabelecido por normas nacionais para os revestimentos de fachada, sendo que a espessura aplicada em obras brasileiras tem variado ente 13 e 30mm. A limitação superior é dada principalmente em função do custo do material, que, por ter pigmento, é superior ao da argamassa tradicional. [45]

Outra importante propriedade para que o RDM tenha adequado desempenho são suas características de acabamento superficial. Sua especificação é dada no projeto de revestimento, onde devem ser estabelecidos os requisitos e critérios para aceitação final dessa propriedade. Um dos requisitos essenciais é a limitação da fissuração, porque pode prejudicar tanto o desempenho estético quanto a estanqueidade da fachada.

No que se refere à fissuração, também em analogia às exigências feitas para o revestimento tradicional, consideram-se toleráveis fissuras que não sejam detectáveis a olho nu, por um observador posicionado a 1m de distância da superfície do elemento em análise, em um cone visual com ângulo igual ou inferior a 60°, sob iluminação natural. [25]

Em relação às propriedades mecânicas, a resistência de aderência ao substrato [34], a capacidade de absorver deformações e o baixo índice de fissuras são importantes para que se garanta o desempenho da vedação, particularmente a segurança de utilização, a estanqueidade e a salubridade.

A ABNT NBR 13.749 (1996) [18] recomenda que o revestimento não deve se desagregar pela pressão das mãos e ainda estabelece como limite mínimo de resistência de aderência à tração para revestimento de camada única o valor maior ou igual a 0,30MPa, segundo ensaio realizado de acordo com a ABNT NBR 13.528 (2010) [15]. Apesar de essa especificação ser relativa ao revestimento tradicional, recomenda-se que esse mesmo valor mínimo deva ser estabelecido também para o RDM.

4.2. Detalhes construtivos

Os detalhes construtivos ajudam a proteger os revestimentos contra a ação de agentes deletérios, contribuindo para a sua durabilidade e, por consequência, para a durabilidade do edifício. Há detalhes intrínsecos ao revestimento e aqueles que decorrem da interface do revestimento com outros subsistemas do edifício, como, por exemplo, estrutura, esquadria, impermeabilização e cobertura em telhado, entre outros. Alguns desses detalhes são discutidos na sequência.

4.2.1. Detalhes que evitam a ação da água de chuva

O projeto deve prever elementos que evitem escorrimento de água pela fachada e seu empoçamento nas superfícies planas, como peitoris e pingadeiras.

O peitoril é um detalhe que protege a fachada da ação da água de chuva e que precisa ser devidamente projetado; caso contrário, poderá ocorrer a deposição de poeira e de manchas de umidade, possibilitando ambiente propício à cultura de esporos de microrganismos nessas regiões. [26]

O peitoril, ao avançar para além do vão da janela (Figura 4.1b), protege a esquadria do acúmulo de água em seus cantos inferiores, o que contribui para a estanqueidade do conjunto. Assim, recomenda-se que o peitoril avance para dentro da alvenaria nas suas laterais e seja ressaltado do plano da fachada em pelo menos 25mm. O peitoril deve ser provido de um canal na face inferior para que a água não retorne à fachada. Esse canal é denominado pingadeira. O caimento do peitoril deve ser de pelo menos 7%, facilitando, assim, o escoamento da água [26]. A pingadeira no peitoril minimiza a ocorrência de manchas na fachada.

1. RDM;
2. Peitoril;
3. Caixilho;
4. Alvenaria;
5. Contraverga.

(a)

(b)

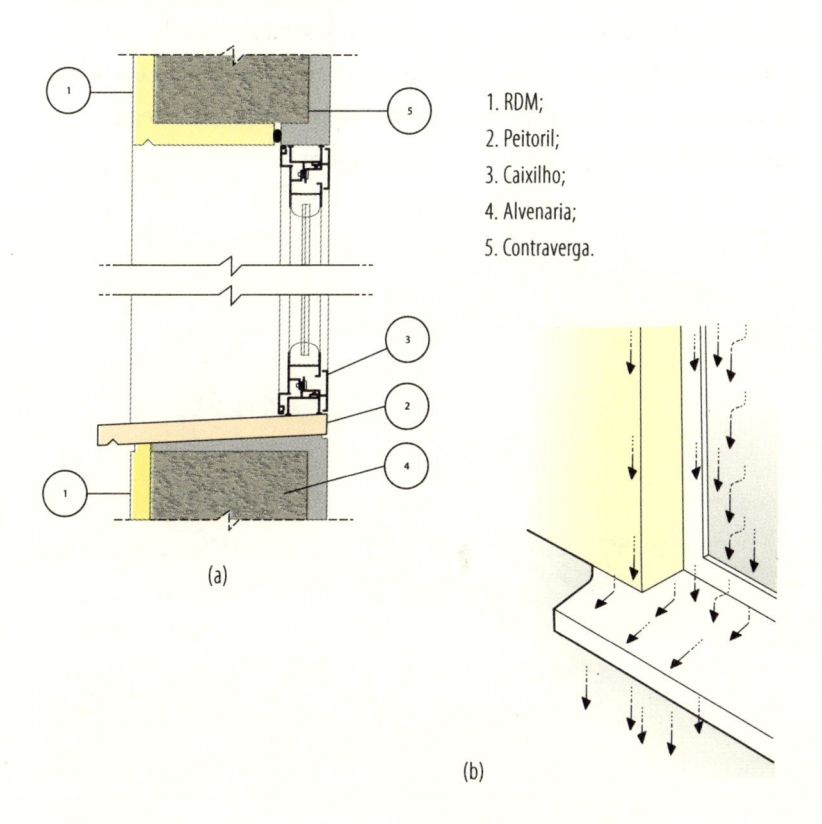

Figura 4.1. Detalhe com pingadeira utilizada na proteção da fachada contra a ação da água de escorrimento. [57, 71]

Para potencializar a durabilidade do revestimento, é importante minimizar a absorção de água da fachada. Uma das maneiras de fazer isso é provocar o destaque com a lâmina de água. Para tanto, pode-se empregar molduras ou pingadeiras, que são saliências que dividem o painel de revestimento. Isso é particularmente importante em edifícios de múltiplos pavimentos. Essas molduras podem ser feitas com argamassa, com pedras, com poliestireno expandido ou com componentes cerâmicos e devem permitir o descolamento do fluxo de água sobre a fachada. Devem, então, avançar cerca de 4cm do plano da fachada [26]. Usualmente, são utilizadas na mesma região das juntas de fachada, conforme mostra a Figura 4.2.

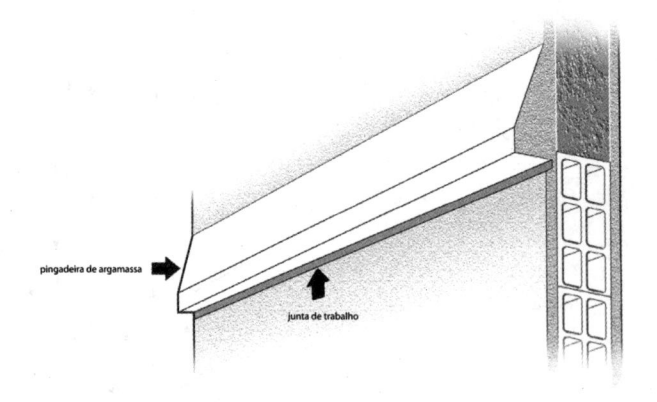

Figura 4.2. Pingadeira de argamassa. [26]

4.2.2. Proteção contra ações mecânicas

O projeto deve prever proteção contra ações mecânicas no revestimento, particularmente nos cantos vivos do revestimento abaixo de 2m de altura. Essa proteção evita que diferentes impactos, que comumente ocorrem nessa região, danifiquem o revestimento.

Esse detalhe construtivo possibilita aumentar a vida útil do revestimento, principalmente porque não é possível refazer uma pequena área sem que se tenha diferença na tonalidade do revestimento. Para tanto, recomenda-se o emprego de cantoneiras metálicas, conforme mostrado na Figura 4.3, que poderão ser posicionadas: (a) sobrepostas ao revestimento ou (b) previamente embutidas na argamassa, o que é, esteticamente, mais aceito pelos clientes.

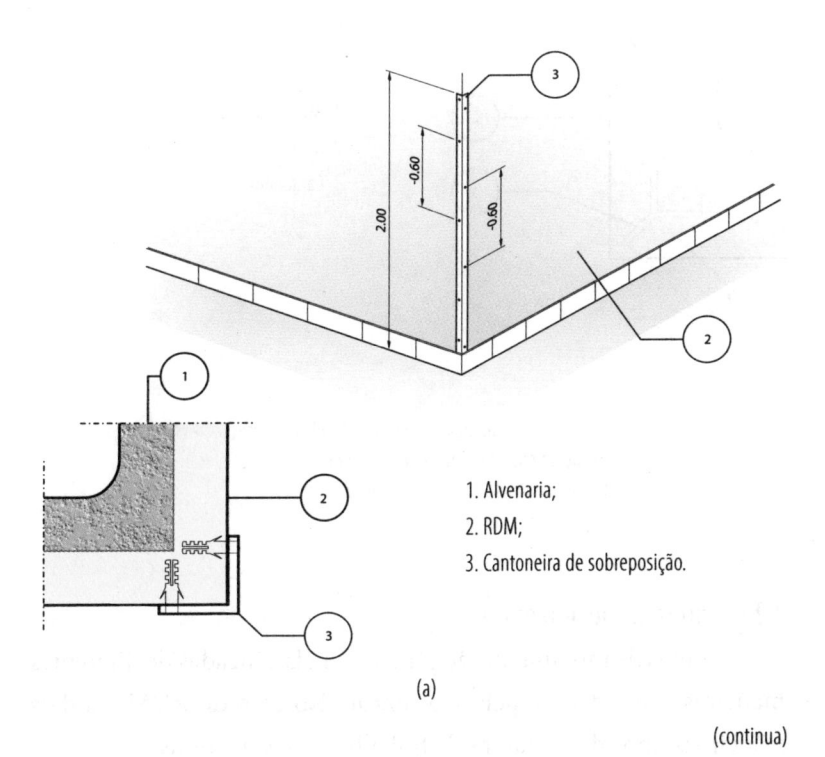

1. Alvenaria;
2. RDM;
3. Cantoneira de sobreposição.

(a)

(continua)

1. Alvenaria;
2. RDM;
3. Cantoneira de embutir.

(b)

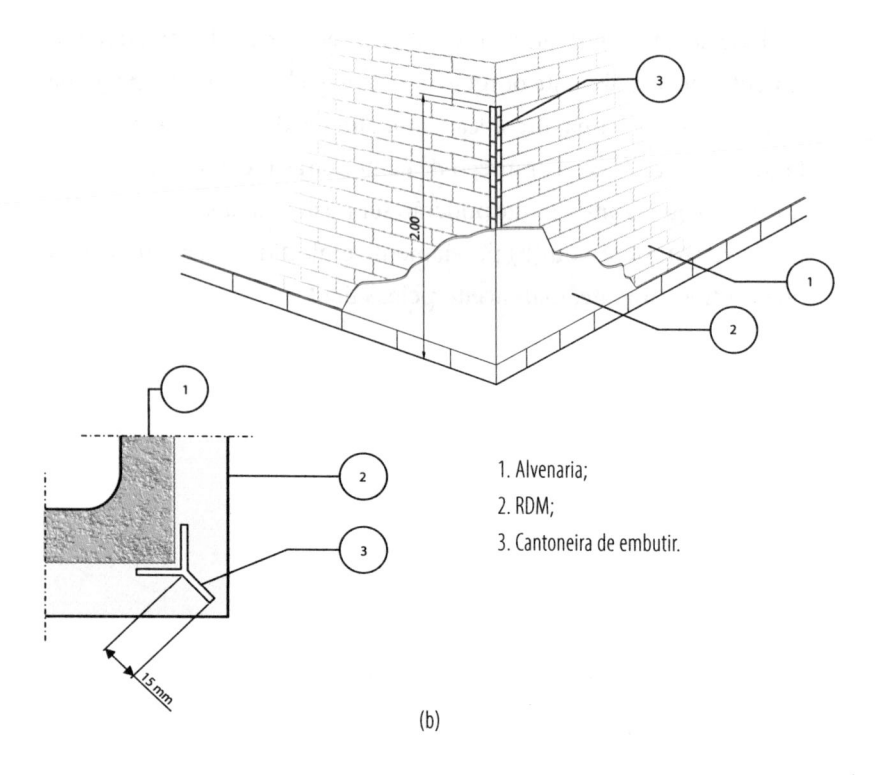

Figura 4.3. Detalhe de cantoneira metálica utilizada na proteção de cantos vivos do revestimento decorativo monocamada contra ação mecânica: a) cantoneira sobreposta; (b) cantoneira embutida. [71]

4.2.3. Juntas de movimentação

As juntas de movimentação podem ser classificadas de diferentes maneiras. Uma delas é pela sua função. No caso do RDM, há dois principais tipos de juntas: as de trabalho e as estruturais.

As juntas de trabalho têm como função subdividir o revestimento da fachada em panos menores, tanto na horizontal como na vertical, visando aliviar tensões provocadas pela movimentação da base ou intrínsecas ao próprio revestimento (que ocorrem devido à variação de umidade ou de temperatura) [19, 62]. Assim, considerando-se as solicitações a que o revestimento estará sujeito, o projeto do revestimento deve especificar o posicionamento das juntas de movimentação, suas características geométricas (largura e profundidade) e material de preenchimento, quando for o caso.[62] A Figura 4.4 mostra um perfil genérico recomendado para a junta de trabalho no RDM. A correta execução desse tipo de junta prevê o uso de ferramenta desenvolvida especificamente para isso, de acordo com o perfil apresentado na Figura 4.4.

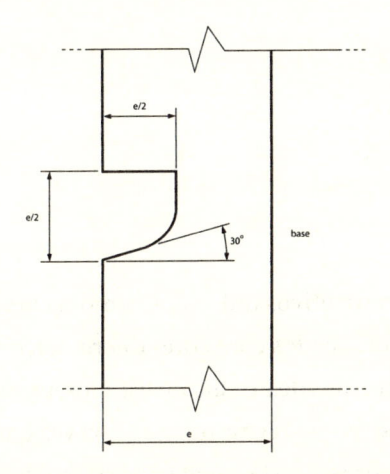

Figura 4.4. Perfil genérico recomendado para juntas de trabalho no RDM. [57]

O posicionamento das juntas de trabalho varia com alguns fatores, como características de deformabilidade do substrato, a existência de aberturas e as condições de exposição. Para as fachadas com RDM, recomenda-se que as juntas horizontais estejam localizadas a cada pavimento e as verticais, a cada 6m. Não se deve ter áreas de painéis superiores a 24m^2 [26].

O segundo tipo de juntas são as estruturais ou de dilatação da estrutura, as quais deverão ter continuidade no revestimento (*vide* Figura 4.5).

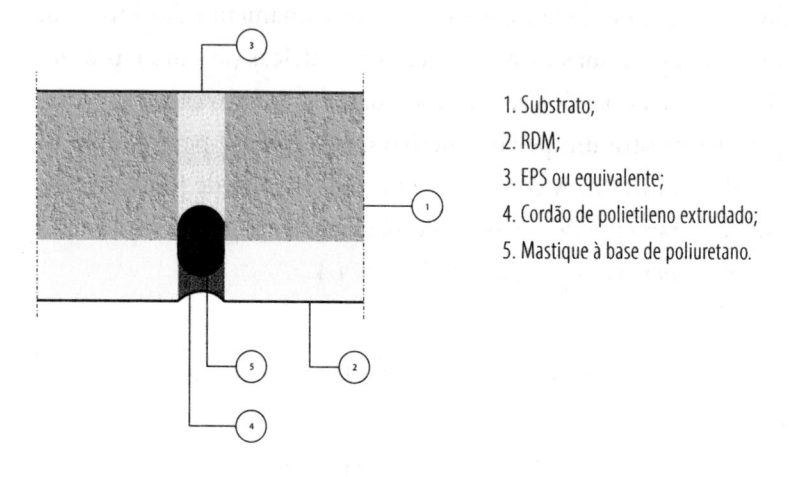

1. Substrato;
2. RDM;
3. EPS ou equivalente;
4. Cordão de polietileno extrudado;
5. Mastique à base de poliuretano.

Figura 4.5. Detalhe de junta estrutural. [71]

4.2.4. Frisos

São detalhes construtivos utilizados como recurso estético ou na junção de panos produzidos com cores diferentes, conforme mostra a Figura 4.6, ou em ciclos de produção distintos, principalmente para evitar emendas visíveis no revestimento, uma vez que a ARDM contém pigmento e, por isso, está sujeita à variação de tonalidade com a variação da umidade de mistura ou do ambiente. Os frisos evitam que pequenas nuances de tonalidade comprometam a estética do revestimento.

Podem ser produzido com diferentes seções: quadradas, retangulares ou trapezoidais. Diferenciam-se das juntas de movimentação pela sua geometria, principalmente a profundidade.

(a)   (b)

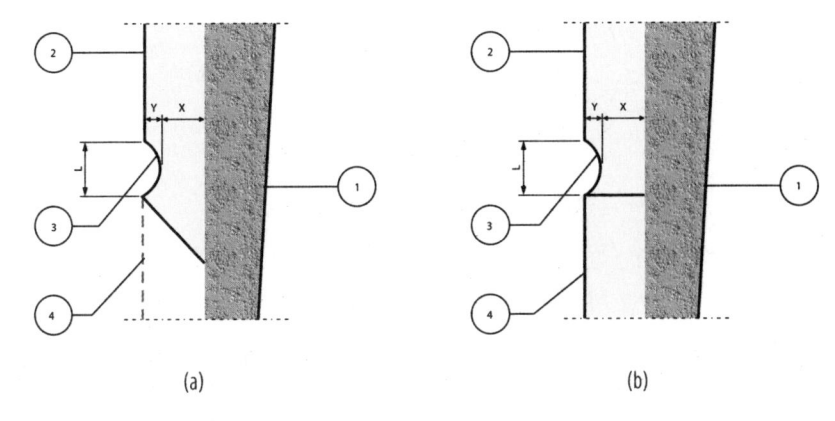

1. Alvenaria;
2. RDM;
3. Friso;
4. RDM.

Figura 4.6. Emenda de pano: (a) argamassa de cores diferentes; (b) argamassa da mesma cor. [71]

4.2.5. Posicionamento de telas

As telas utilizadas no sistema RDM podem ser de fibra de vidro tratada com poliéster, com malha 9x9mm ou 10x10mm, ou telas 100% poliéster revestido com PVC, com malha 5x5mm (Figura 5.1).

O projeto deve prever o posicionamento de telas em locais com concentração de tensões, tais como interface da estrutura de concreto com a alvenaria (Figuras 4.8 e 4.9) e nos cantos de vão de janelas e portas (*vide* Figura 4.7).

1. Alvenaria;
2. RDM com espessura ≤ que 10mm;
3. Tela para RDM;
4. RDM acabado;
5. Chapisco em estrutura de concreto.

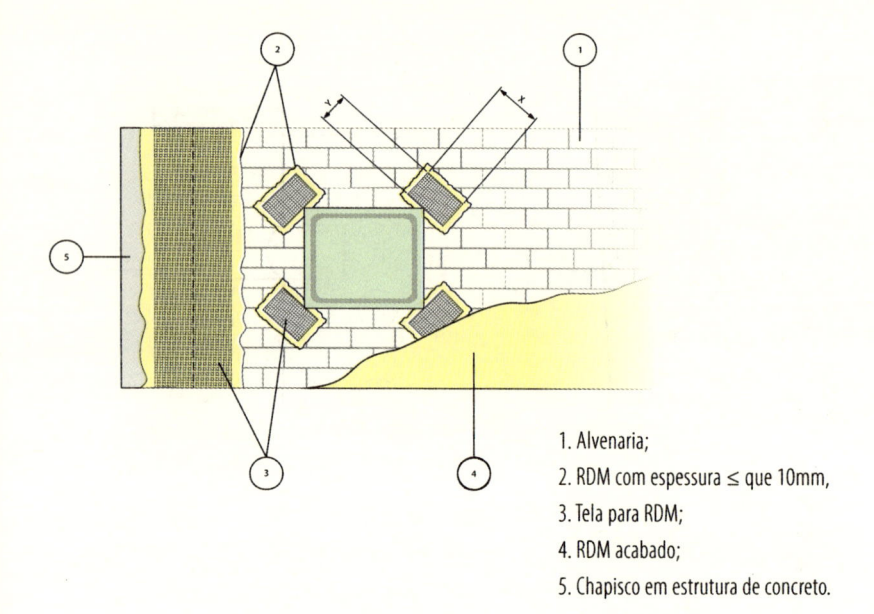

Figura 4.7. Posicionamento de telas nas aberturas de janelas. [71]

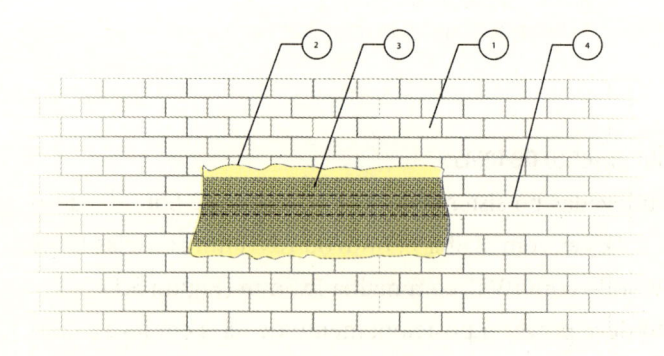

1. Alvenaria;
2. RDM com espessura ≤ que 10mm;
3. Tela para RDM;
4. Chapisco em estrutura de concreto.

Figura 4.8. Posicionamento de telas na interface da estrutura de concreto (laje ou viga) com alvenaria. [71]

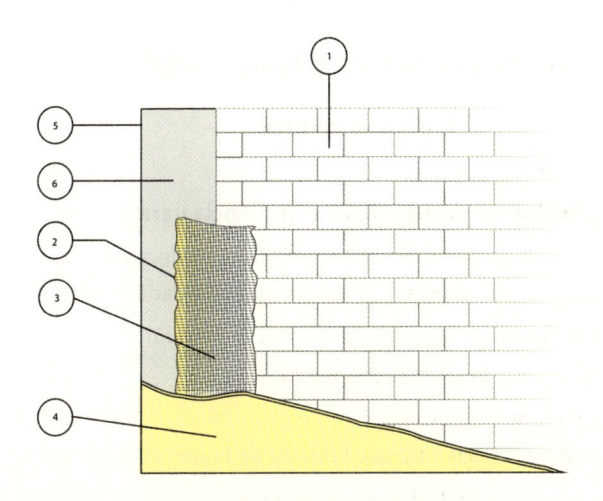

1. Alvenaria;
2. RDM com espessura ≤ que 10mm;
3. Tela para RDM;
4. RDM acabado;
5. Estrutura de concreto;
6. Chapisco em estrutura de concreto.

Figura 4.9. Posicionamento de telas na interface de pilares de concreto armado e alvenaria. [71]

4.3. Síntese das diretrizes de projeto

Considerando-se as discussões anteriores, propõe-se que o projeto do RDM seja desenvolvido levando-se em conta as diretrizes recomendadas no Quadro 4.2.

Quadro 4.2. Diretrizes de projeto para o RDM

Espessura do RDM
- 12 ≤ e ≥ 30mm

Acabamento superficial e aparência geral
- Raspado, alisado, do tipo travertino ou chapiscado/flocado
- Panos acabados sem nuances acentuadas de tonalidade
- Limitação da fissuração segundo ABNT NBR 15.575 [25]

Propriedades mecânicas
- Não desagregação superficial
- Resistência de aderência à tração direta de no mínimo 0,3MPa [19]

Detalhes construtivos
- Previsão de detalhes que evitem a ação da água: peitoris, pingadeiras, molduras, rufos etc.
- Previsão de detalhes contra ação mecânica (principalmente em pavimentos sujeitos à circulação de pessoas): cantoneiras

Posicionamento de juntas de trabalho
Juntas horizontais:
- localizadas a cada pavimento no encontro da alvenaria e estrutura;
- nos peitoris ou topo de janelas;
- encontro de revestimentos diferentes.

Juntas verticais:
- a cada 6m;
- painéis com área inferior a 24m².

Posicionamento de frisos
- Emenda de panos executados em períodos diferentes
- Emenda de panos com cores diferentes
- Para decoração, conforme projeto arquitetônico

Posicionamento de telas
- Interface entre alvenaria e estrutura
- Cantos de vãos de janelas e portas

5. DIRETRIZES PARA EXECUÇÃO

O RDM é, por natureza, um revestimento de base cimentícia; assim, deverão ser observados os mesmos cuidados previstos para a produção do revestimento tradicional de argamassa, os quais foram amplamente discutidos por diversos autores [25, 63, 66]; entretanto, pelas suas características de pequena espessura, as quais exigem uma base de elevada regularidade geométrica e por ser pigmentado, proporcionando uma superfície acabada, outros cuidados de execução são importantes e, por isso, serão aqui tratados.

5.1. Atividades que antecedem a execução

5.1.1. Condições para início do serviço

Para iniciar o serviço de RDM, é necessário que todos os elementos que compõem o substrato a ser revestido estejam concluídos, ou seja, toda a alvenaria de fachada deve estar concluída (seja vedação, seja estrutural); os contramarcos chumbados ou, quando do uso de esquadrias sem contramarco, os gabaritos devidamente posicionados; os peitoris de janelas colocados (quando existentes); os gradis fixados e as instalações elétricas e hidráulicas, quando alocadas na alvenaria da fachada, devem ter sido concluídas e testadas, enquanto os vãos decorrentes de seu posicionamento devem estar devidamente preenchidos.

A ARDM não pode ser aplicada com tempo úmido ou chuvoso, pois a água pode infiltrar pelo revestimento ainda no estado fresco, alterando a relação água-materiais secos e, com isso, pode haver variação na tonalidade em relação a outros panos executados previamente ou que virão a ser executados.

Outro fator importante na obra é a energia elétrica, que deve ter tensão constante, pois a oscilação na energia pode alterar as condições de projeção e, por consequência, as características do revestimento. Quando se utiliza a aplicação manual, tal exigência não existe; entretanto, a produtividade poderá ser menor.

O planejamento da execução deve ter sido elaborado de forma que, independentemente da técnica de execução, deve-se compatibilizar o posicionamento de frisos e juntas com a quantidade diária de produção do revestimento, pois a produção deve ser sempre interrompida ou em uma junta de movimentação (trabalho ou estrutural) ou em um friso, pois, como salientado, isso possibilita que pequenas nuances na tonalidade dos painéis adjacentes produzidos em momentos diferentes não sejam evidenciadas.

5.1.2. Materiais, equipamentos e mão de obra

Antes do início do trabalho, todos os recursos – materiais, equipamentos e mão de obra – deverão estar disponíveis em canteiro, sendo os principais identificados no Quadro 5.1.

Quadro 5.1. Insumos de materiais e equipamentos e mão de obra para execução do RDM

Materiais e componentes	• argamassa para RDM em sacos; • água; • telas de fibra de vidro recomendadas pelos fabricantes de ARDM – ou tratada com poliéster[2], com malha 10x10mm, ou tela 100% poliéster revestida com PVC, com malha 5x5mm (Figura 5.1).
Ferramentas e equipamentos	• equipamento para sustentação dos operários ao longo da fachada (andaime fachadeiro, balancim do tipo leve, plataforma de cremalheira, entre outros); • desempenadeira metálica (Figura 5.9); • desempenadeira plástica (Figura 5.10); • fio de prumo; • nível de bolha; • nível de mangueira; • colher de pedreiro; • equipamento de projeção (mistura, transporte e aplicação do material de 500rpm) para revestimento aplicado mecanicamente (Figura 5.2); • misturador de eixo horizontal, para o preparo de argamassa de baixa velocidade – 500rpm, quando a aplicação for manual (Figura 5.3); • pistola para aplicação do acabamento chapiscado e tipo travertino (Figura 5.4).
Mão de obra	• oficial revestidor com experiência na produção de revestimento decorativo bicamada ou de argamassa tradicional (treinado para a aplicação do RDM) ou revestidor de RDM oficial. • equipe por frente de serviço para aplicação manual: Um auxiliar para preparo da argamassa, um oficial para aplicação da argamassa e um para acabamento superficial. • equipe por frente de serviço para aplicação mecânica: Um auxiliar para abastecimento do equipamento; um oficial para aplicação mecânica; dois oficiais para o acabamento superficial. A organização das equipes de trabalho pode ser alterada em função do tipo de acabamento final do revestimento.

[2] Tela fabricada pela Bayer/Vetrotex, do Grupo Weber.

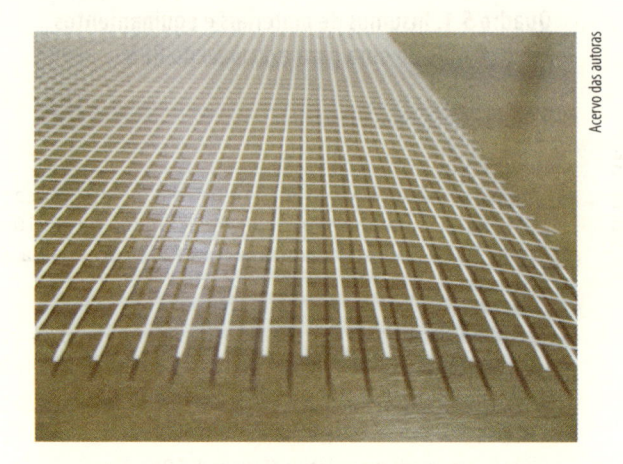

Figura 5.1. Tela 100% poliéster, revestida com PVC, com malha 5x5mm.

Figura 5.2. Equipamentos para mistura e projeção da ARDM. [3]

Figura 5.3. Misturador de ARDM de eixo horizontal.

Figura 5.4. Pistola para aplicação do acabamento chapiscado e tipo travertino.

Figura 5.5. Régua dentada (aplicação e estriamento).

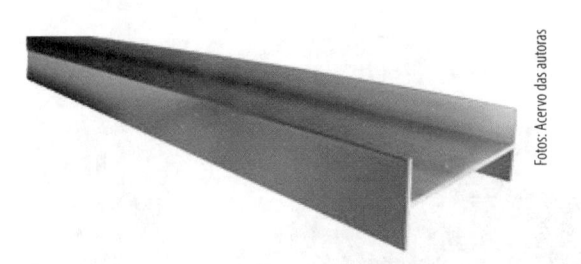

Figura 5.6. Régua perfil "I", utilizada para sarrafeamento de raspagem.

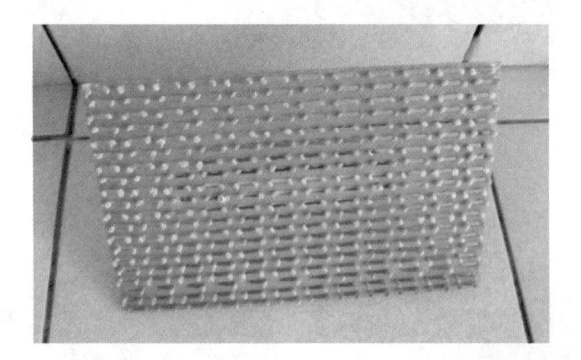

Figura 5.7. Desempenadeira tipo *gang nail* (raspagem de pequenas áreas).

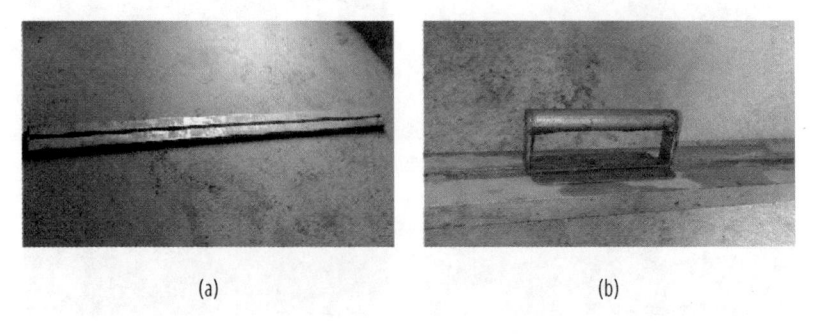

(a) (b)

Figura 5.8. (a) Régua guia e (b) régua guia com frisador de juntas.

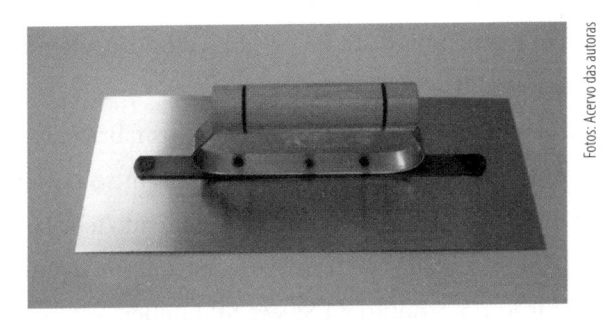

Figura 5.9. Desempenadeira metálica.

Figura 5.10. Desempenadeira plástica.

A escolha dos equipamentos, sobretudo os de aplicação da argamassa, devem ser compatíveis com as condições de produção. Por exemplo, a projeção mecânica possibilita alta produtividade, desde que o equipamento de sustentação da mão de obra permita rápida movimentação ao longo da fachada, o que não ocorre com os balancins manuais. Plataformas com cremalheira, balancins elétricos ou mesmo andaime fachadeiro seriam equipamentos mais adequados ao uso de aplicação com projeção mecânica. Além disso, esse tipo de aplicação exige planejamento adequado, principalmente quando o projeto prevê diferentes cores na fachada, uma vez que a troca de material não é uma atividade de rápida realização, além de levar à perda de material.

Quanto à mão de obra, de modo geral, os fabricantes mantêm cursos para treinamento de oficiais que queiram se especializar na execução do RDM. Tais cursos envolvem conteúdo teórico e prático, com foco para os cuidados no transporte, estocagem, manuseio, mistura e aplicação do produto. O SENAI-SP também está preparando curso voltado para esse profissional.

5.1.3. Sequência de atividades de execução

A sequência de atividades de execução é distinta em função da forma de aplicação – manual ou mecânica – e do equipamento de acesso à fachada – balancim manual ou elétrico, plataforma com cremalheira ou andaimes fachadeiros.

Considerando-se, inicialmente, que o RDM será executado com emprego de balancim leve, a primeira atividade deverá ser a sua montagem e, depois da verificação das suas condições de utilização, recomenda-se seguir os passos definidos na Figura 5.11. Algumas das atividades propostas poderão ser suprimidas, dependendo das características do edifício e do substrato.

DIRETRIZES PARA EXECUÇÃO 67

1ª subida
- Limpeza da base
- Fixação da alvenaria (quando reticulada)
- Reparos

→ Posicionamento dos arames de fachada

1ª descida
- Lavagem
- Chapisco
- Mapeamento

2ª subida
- Verificação qualitativa da aderência do chapisco
- Execução de taliscas e/ou fixação de mestras

→ Análise do mapeamento

2ª descida
- Fixação de elementos pré-moldados
- Aplicação da 1ª demão
- Fixação de telas
- Aplicação da 2ª demão
- Sarrafeamento
- Execução de frisos ou juntas

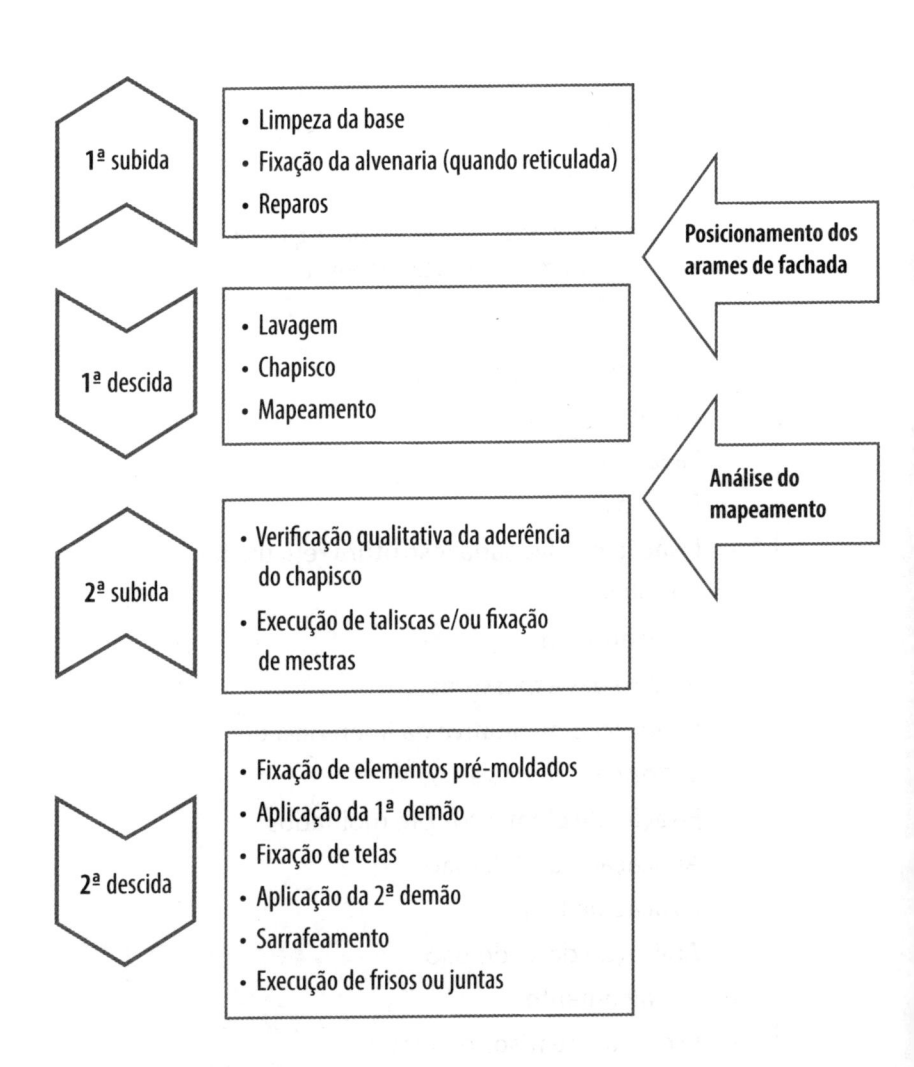

Figura 5.11. Esquema ideal de movimentação de balancins e execução do revestimento.

Quando da utilização de andaime fachadeiro, é possível iniciar as atividades de cima para baixo, podendo-se adotar a sequência apresentada no Quadro 5.2.

Quadro 5.2. Sequência de execução quando utilizado andaime fachadeiro

- Posicionamento dos arames
- Limpeza da base
- Lavagem
- Reparos
- Fixação da alvenaria (estrutura reticulada)
- Chapisco
- Mapeamento
- Análise das espessuras
- Verificação qualitativa da aderência do chapisco
- Fixação de elementos pré moldados
- Aplicação da 1ª demão
- Fixação de telas
- Aplicação da 2ª demão
- Sarrafeamento
- Execução de frisos ou juntas
- Execução do acabamento
- Verificação qualitativa das condições do RDM

5.1.4. Preparo de base

A primeira atividade de execução do revestimento propriamente dito é o preparo da base ou substrato, que compreende uma série de tarefas. Inicia-se pela completa limpeza, eliminando-se do substrato os materiais pulverulentos, produtos químicos e quaisquer incrustações que possam afetar a aderência com o revestimento. Essa etapa de produção do RDM deve seguir os mesmos procedimentos empregados para a limpeza de base quando da execução de revestimento tradicional de argamassa.

Os reparos são realizados nos casos em que as bases estão irregulares ou com depressões superiores a 2cm. Emprega-se, para isso, argamassa tradicional ou a própria ARDM. Quando do uso de argamassa tradicional, a regularização deve ser feita com antecedência mínima de sete dias para que possa ocorrer parte da retração da argamassa. Quando utilizada a própria ARDM, os reparos podem ser feitos até 12 horas antes da aplicação do revestimento.

5.1.4.1. Limpeza da estrutura

A limpeza da estrutura de concreto deve ser executada por escovação manual ou mecânica da superfície do concreto, utilizando-se escovas com cerdas de aço (*vide* Figura 5.12). Nos casos em que o concreto da estrutura tiver resistência mecânica acima de 40MPa, recomenda-se apicoar a superfície com ferramentas apropriadas a fim de se aumentar a superfície de contato. O desmoldante deve ser completamente removido da superfície dos elementos estruturais a serem revestidos. Durante a limpeza da estrutura, todas as irregularidades superficiais, como rebarbas, pontas de barras de aço, nichos e orifícios, devem ser removidas ou recuperadas, utilizando-se materiais e técnicas específicos para esse fim.

Figura 5.12. Limpeza da superfície de concreto com escova de cerdas de aço.

5.1.4.2. Remoção de irregularidades das alvenarias

Nas bases ou substratos de alvenarias, devem-se eliminar irregularidades superficiais, como depressões, furos, rasgos e eventuais excessos de argamassa das juntas de assentamento. As depressões podem ser previamente preenchidas com a própria ARDM, conforme mostra a Figura 5.13.

Figura 5.13. Limpeza e regularização de substrato de alvenaria.

5.1.4.3. Lavagem da base

Toda superfície de elementos estruturais e de alvenarias previamente limpos deverão ser lavados manualmente ou utilizando-se lavadora de alta pressão (*vide* Figura 5.14), a fim de que sejam removidos os materiais particulados que possam ter se depositado nesses elementos. Esse procedimento deve ser feito de cima para baixo, de modo a não contaminar as superfícies limpas.

Figura 5.14. Lavagem das bases ou substrato (estrutura de concreto armado e alvenarias) com lavadora de alta pressão.

5.1.4.4. Aplicação de chapisco

Somente a estrutura de concreto recebe chapisco. Quando se emprega argamassa industrializada, a aplicação pode ser feita utilizando-se desempenadeira dentada (*vide* Figura 5.15b) ou rolo de textura (*vide* Figura 5.15a). É possível, ainda, empregar-se argamassa produzida em obra aplicada manualmente ou, de preferência, com rolo de textura. O período mínimo entre a aplicação do chapisco e da ARDM deve ser de 3 dias [6].

(a)

(b)

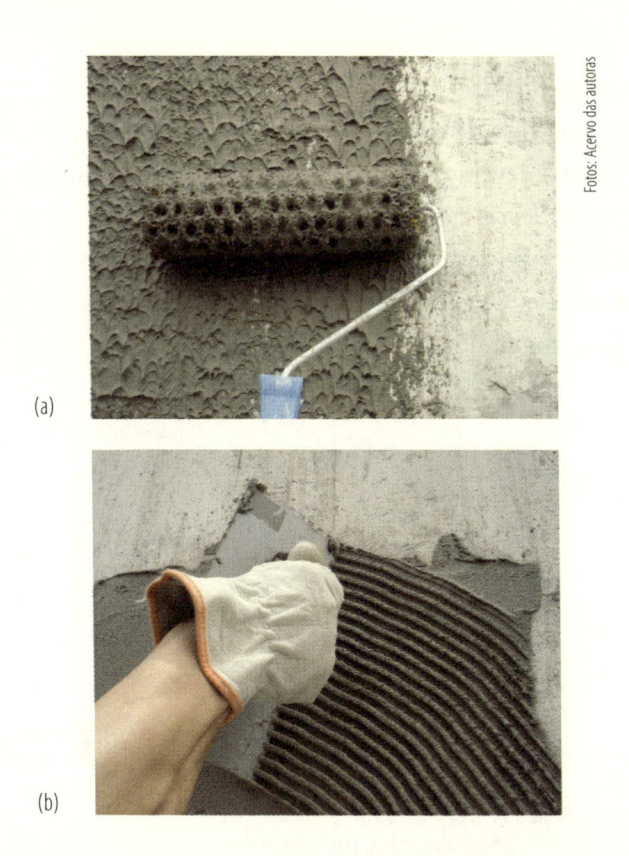

Figura 5.15. (a) Chapisco produzido com argamassa e aplicada com rolo de textura; (b) chapisco produzido com argamassa industrializada aplicada com desempenadeira dentada.

5.2. Definição do plano de referência

A exemplo do que ocorre com o revestimento tradicional de fachada, para a execução do RDM são necessárias referências para que se tenha um revestimento aprumado e alinhado. Para tanto, usualmente são empregadas as prumadas de arames, que permitirão o mapeamento da fachada e, com isso, poderão ser posicionadas as taliscas e mestras (*vide* Figura 5.16).

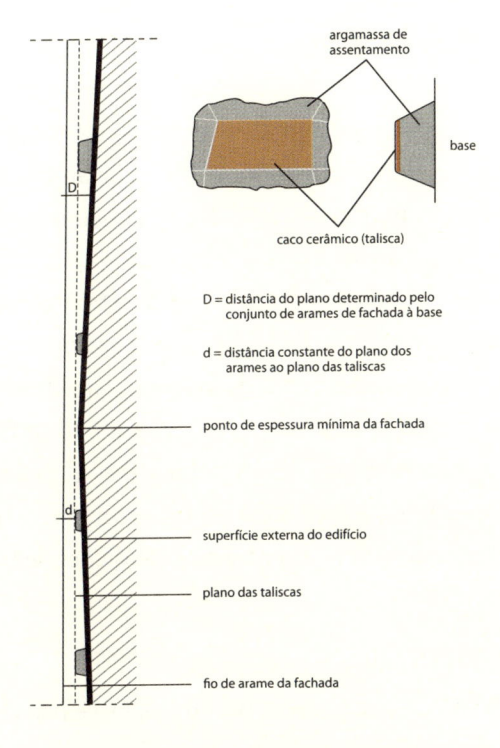

Figura 5.16. Definição do plano de referência.

5.3. Execução do RDM

5.3.1. Mistura da ARDM

A mistura da argamassa anidra com a água deve ser mecânica, respeitando-se, a cada novo ciclo, o mesmo tempo e a mesma quantidade de água adicionada ao pó, para que não haja variação na tonalidade do material. Deve-se seguir, também, a mesma ordem de colocação dos materiais, recomendando-se que, inicialmente, sejam colocados no misturador 3/4 do volume previsto de água. Em seguida, com o misturador ligado, coloca-se gradativamente o produto em pó e, por último, o restante da água (1/4). O tempo de mistura é da ordem de 2 minutos, devendo ser acertado em função do tipo de misturador. Reitera-se que, uma vez definido o tempo de mistura, ele deverá ser respeitado para todos os ciclos de produção, de modo que esse fator não interfira na tonalidade da argamassa.

Quando a aplicação for manual, a mistura do produto é feita utilizando-se um misturador de baixa velocidade ($\leq$ 500rpm). Quando a aplicação for por projeção, a argamassa é misturada na própria máquina de projeção (misturador da máquina), imediatamente antes da aplicação. A pressão de projeção deverá estar entre 10 e 15bar.

Durante a alimentação do misturador, deve-se controlar rigorosamente a dosagem da água e o tempo de mistura para que se mantenham a consistência da argamassa e as condições de tonalidade.

5.3.2. Aplicação mecânica

A projeção mecânica, para ser produtiva, exige painéis de grande extensão. Exige, também, que os panos de fachada a serem executados diariamente sejam da mesma cor. Aplicar duas cores distintas no mesmo dia significa que deverá ser feita a lavagem do equipamento de projeção, atividade que demanda tempo, reduz a produtividade da mão de obra e gera desperdício de material. Alternativamente, é possível que se tenha dois equipamentos, entretanto, isso pode gerar custo desnecessário, além de logística de abastecimento mais elaborada.

Quando da aplicação mecânica, a espessura de argamassa da primeira demão é de 5 a 10mm (*vide* Figura 5.17). Em seguida, essa primeira demão deve ser comprimida contra a base, utilizando-se a régua dentada, conforme mostram as Figuras 5.5 e 5.18. Essa operação é chamada de estriamento e, com ela, obtém-se um único substrato que receberá a camada final do revestimento. Essa primeira camada é importante porque as condições da base em relação à sua capacidade de absorção, temperatura e planicidade são uniformizadas. Após o estriamento da primeira demão, aplica-se a tela nos locais especificados em projeto (*vide* Figura 5.19). Na sequência, aplica-se a segunda demão na forma de filetes contínuos, de cima para baixo, com passadas horizontais, conforme mostra a Figura 5.20.

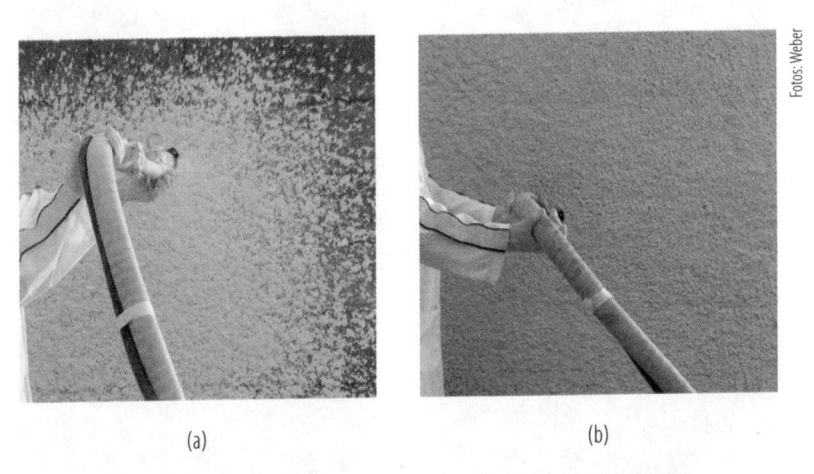

(a) (b)

Figura 5.17(a e b). Aplicação por projeção mecânica da primeira demão da ARDM.

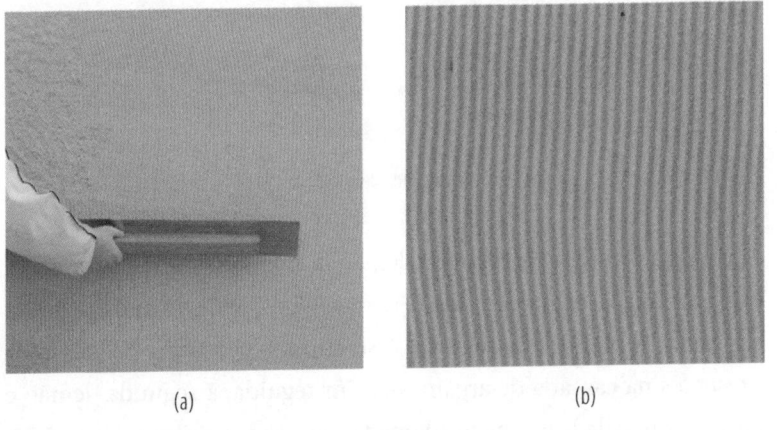

(a) (b)

Figura 5.18(a e b). Estriamento da primeira demão da ARDM com régua dentada.

(a) (b)

Figura 5.19(a e b). Aplicação da tela na interface entre estrutura e vedações logo após a aplicação da primeira demão de ARDM.

(a) (b)

Figura 5.20(a e b). Aplicação da segunda demão da ARDM por projeção mecânica.

Após a projeção da segunda demão, a argamassa é imediatamente estriada com a régua dentada (Figuras 5.5 e 5.21), a fim de tornar a superfície o mais plana possível. Isso elimina prováveis bolhas de ar presentes na camada de argamassa. Em seguida, a segunda demão é alisada com lado liso da régua dentada, conforme mostra a Figura 5.22.

(a) (b)

Figura 5.21 (a e b). Estriamento da segunda demão com régua dentada.

Figura 5.22. Alisamento da segunda demão com o lado liso da régua dentada.

Após o alisamento têm início as etapas de acabamento que, por serem comuns a ambas as formas de aplicação (projetado ou manual), serão descritas no item 5.3.4.

5.3.3. Aplicação manual

A aplicação da primeira demão é feita com a régua lisa ou desempenadeira metálica (*vide* Figura 5.23), com espessura de 5 a 10mm. Em seguida, é executado o estriamento com a régua dentada (*vide* Figura 5.24). Após o estriamento, devem-se posicionar as telas segundo especificações de projeto (Figura 5.19).

Na sequência, aplica-se a segunda demão tal como foi aplicada a primeira (Figura 5.25). Após a aplicação dessa demão, a argamassa é imediatamente "estriada" (Figura 5.26) com uma régua dentada, sendo alisada na sequência. Essas operações devem ser realizadas em faixas inferiores a 2m para que se evite a secagem da superfície, o que dificultaria a operação de estriamento.

Figura 5.23. Aplicação manual da primeira demão da ARDM empregando-se desempenadeira metálica.

DIRETRIZES PARA EXECUÇÃO 79

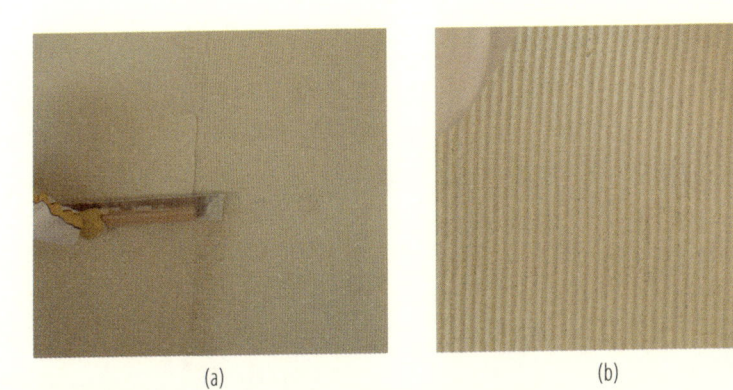

(a) (b)
Figura 5.24 (a e b). Estriamento da primeira demão da ARDM com a régua dentada.

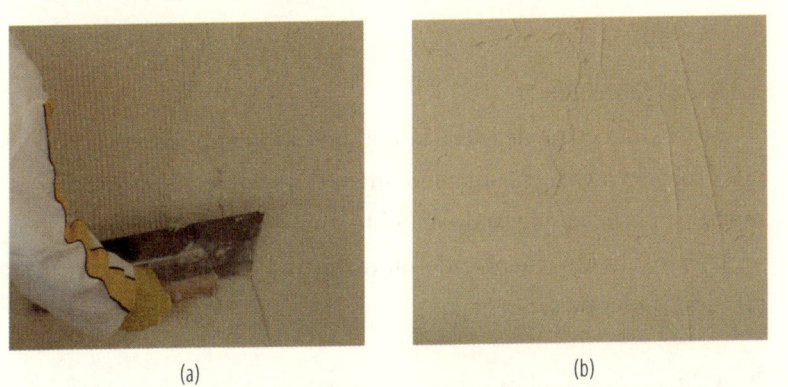

(a) (b)
Figura 5.25(a e b). Aplicação da segunda demão da ARDM.

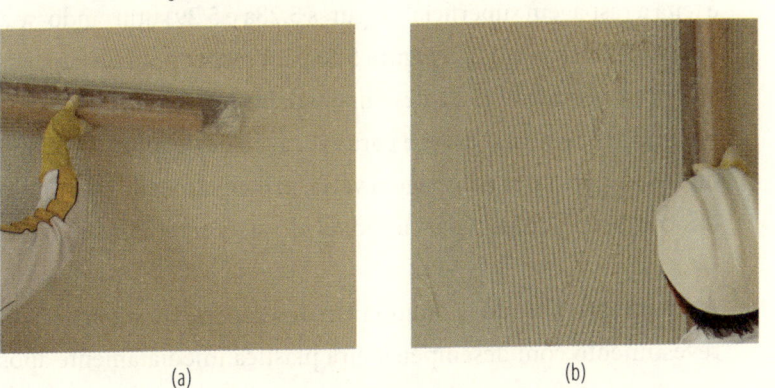

(a) (b)
Figura 5.26(a e b). Estriamento da segunda demão da ARDM com a régua dentada.

(a) (b)

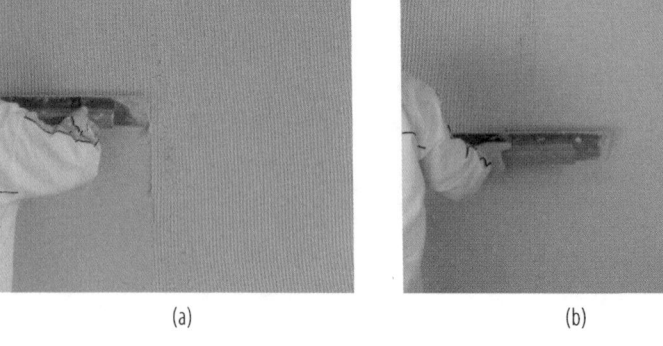

Figura 5.27(a e b). Alisamento da segunda demão da ARDM com o lado liso da régua denteada.

5.3.4. Acabamentos

A próxima etapa de execução do revestimento, seja ele aplicado por projeção mecânica ou manualmente, depende do tipo de acabamento superficial que se deseja obter, sendo possíveis quatro tipos – raspado, alisado, chapiscado ou travertino –, cujas características são destacadas na sequência.

a) **Acabamento raspado:** com o revestimento levemente endurecido é feita a raspagem superficial (Figuras 5.28a e 5.29) utilizando-se a régua metálica perfil "I" (Figura 5.6) para raspar grandes superfícies do revestimento ou a desempenadeira *gang nail* (Figura 5.7) para raspar pequenas áreas e para execução de detalhes. O tempo de espera para fazer a raspagem varia, principalmente, em função das condições ambientais – umidade do ar, temperatura e vento.

b) **Acabamento alisado:** é obtido pelo desempeno da superfície do revestimento com desempenadeira plástica imediatamente após o acabamento raspado, item a (Figuras 5.28b e 5.30).

c) **Acabamento chapiscado ou flocado:** para esse acabamento (Figuras 5.28c e 5.31), logo após o alisamento da segunda demão, deve-se aplicar nova camada da ARDM com espessura de 2 a 3mm, na forma de chapisco, o que é possível com emprego de uma pistola de projeção (Figura 5.4).

d) **Acabamento tipo travertino:** para a obtenção desse acabamento, após se obter o acabamento chapiscado ou flocado, alisa-se a camada com desempenadeira metálica (Figuras 5.28d e 5.32).

Figura 5.28. Acabamentos do RDM (a) raspado, (b) alisado, (c) chapiscado ou flocado e (d) travertino.

(a) (b)

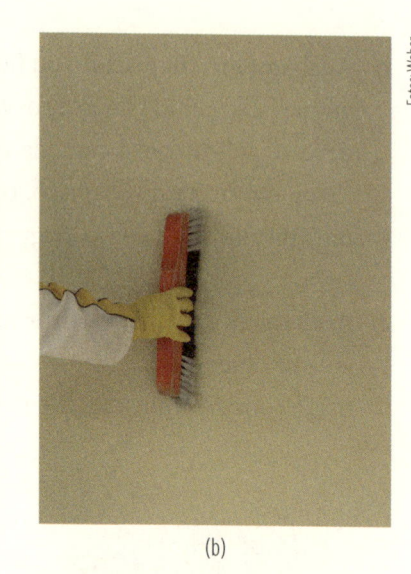

Figura 5.29. Execução do acabamento raspado: (a) raspagem com régua metálica; (b) remoção de material pulverulento com emprego de vassoura de pelo.

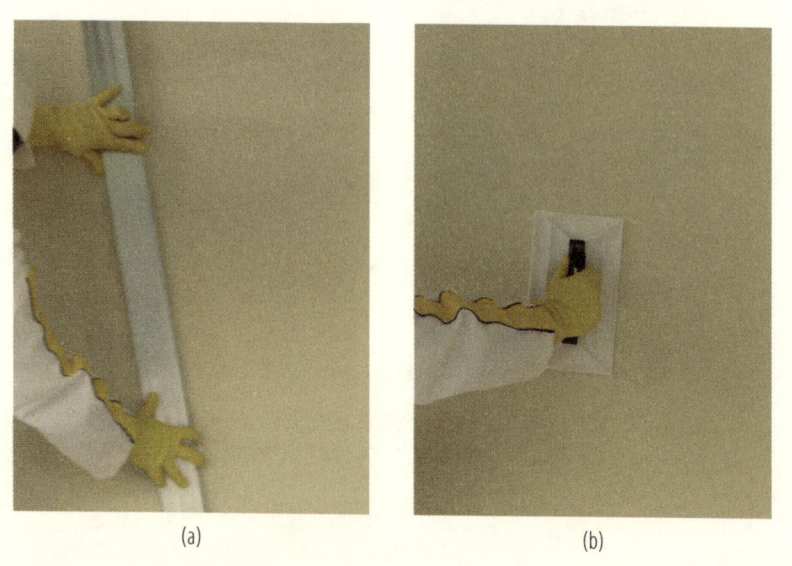

(a) (b)

Figura 5.30(a e b). Execução do acabamento alisado executado com régua lisa e desempenadeira plástica

Figura 5.31. Equipamento de projeção para a camada de acabamento chapiscado ou flocado.

(a) (b)

Figura 5.32(a e b). Execução do acabamento tipo travertino: alisamento da camada de acabamento chapiscado ou flocado com desempenadeira metálica.

A aplicação e a raspagem do RDM em uma determinada fachada devem acontecer sempre de maneira uniforme, ou seja, não se deve, na mesma fachada, raspar um mesmo pano em períodos diferentes do dia. Caso esse procedimento não seja seguido, poderá acarretar em diferença de tonalidade no painel.

5.3.5. Frisos

Os frisos são executados para delimitar os panos de revestimento, seja para facilitar a emenda de painéis produzidos em períodos distintos, seja para delimitar cores diferentes, seja por definição estética de projeto. Para sua execução são utilizadas ferramentas que permitem o seu posicionamento adequado e alinhamento. É comum o emprego de régua dupla com afastamento equivalente à largura do friso, conforme a Figura 5.33, um frisador que possibilite executar o friso segundo especificações do projeto. O frisador deve ser aplicado de forma a cortar e comprimir a argamassa fresca.

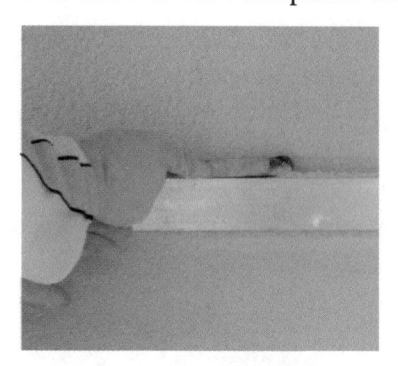

Figura 5.33. Execução de friso decorativo e de emenda de pano.

5.3.6. Controle de execução

O revestimento decorativo monocamada é, antes de tudo, um revestimento de argamassa cuja execução deve ser controlada tal e qual. Assim, as empresas construtoras, ou mesmo as aplicadoras de RDM, poderão utilizar como base os mesmos procedimentos de controle definidos nos programas de gestão da qualidade desses revestimentos, sejam eles originados nas propostas da NBR ISO 9001 [8] ou nas propostas do Programa Brasileiro de Qualidade e Produtividade do Habitat (PBQP-H), que tem como finalidade difundir os novos conceitos de qualidade, gestão e organização da produção, indispensáveis à modernização e à competitividade das empresas brasileiras.

Em função de características específicas desse revestimento, no entanto, alguns procedimentos importantes da etapa de controle são destacados na sequência [5], devendo-se garantir que as seguintes atividades tenham sido corretamente executadas.

5.3.6.1. Preparação da base
- remoção das sujeiras, irregularidades e incrustações metálicas da base, além do preenchimento de furos e depressões;
- fixação da alvenaria;
- posicionamento dos peitoris pré-moldados;
- aderência do chapisco nos elementos de concreto.

Para essa verificação, o chapisco deverá ter idade mínima de 3 dias, conforme especificado na NBR 7.200 (1998) [6], devendo-se tentar sua retirada com espátula de pintor (Figura 5.34). O chapisco não poderá ser removido com facilidade.

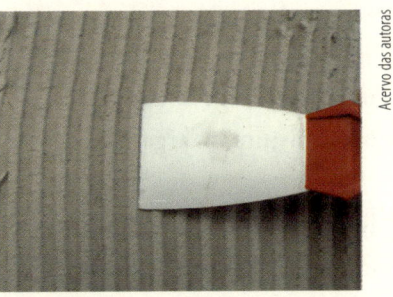

Figura 5.34. Procedimento de controle do chapisco após pelo menos 3 dias de aplicação. Tentativa de remoção com uso de espátula de pintor.

5.3.6.2. Definição do plano do revestimento

- transferência dos eixos da estrutura para a laje de cobertura ao nível das platibandas;
- afastamento inicial dos arames em relação à platibanda deve coincidir com o definido no projeto;
- alinhamento dos arames de fachada em relação aos eixos;
- esquadro entre os planos ortogonais definidos pelos arames;
- posicionamento dos arames junto ao eixo das quinas e cantos e alinhamento das janelas;
- afastamento entre os arames de acordo com o tamanho das réguas a serem utilizadas no sarrafeamento.

5.3.6.3. Definição do plano de referência

- distribuição das taliscas de forma que fiquem espaçadas entre si a uma distância inferior ao comprimento das réguas de sarrafeamento;
- distância das taliscas em relação aos arames de fachada de acordo com o definido após a análise do mapeamento, com tolerância de 1mm;

5.3.6.4. Produção de argamassa de revestimento

- procedimento de mistura da argamassa como especificado pelo fabricante;
- mesmas condições de dosagem de água e do tempo da mistura da argamassa para todos os ciclos de produção.

5.3.6.5. Aplicação e alisamento da argamassa

- abastecimento de argamassa nas frentes de trabalho deve ser feita de forma que não haja falta nem excesso. Se faltar argamassa, pode ocorrer descontinuidade na tonalidade da superfície; se em excesso, pode ocorrer perda de trabalhabilidade do material antes da aplicação;
- espessura da camada em relação à marcação das taliscas;
- aplicação e acabamento do revestimento sempre no mesmo período do dia, visando à uniformidade de tonalidade;
- aplicação por projeção mecânica – garantir que a pressão de ar utilizada, o ângulo de projeção e a distância do bico projetor ao paramento sejam constantes;
- aplicação manual – garantir que a forma como o operário aplica a argamassa na base seja constante, pois determina a rugosidade da superfície do revestimento e, por consequência, a sua tonalidade.

5.3.6.6. Execução do reforço do revestimento

- verificar a colocação e fixação de telas nos locais previstos em projeto.

5.3.6.7. Acabamento do revestimento

- intervalo adequado para o acabamento;
- uniformidade de tonalidade;
- rugosidade da superfície compatível com o acabamento especificado em projeto;
- planicidade da superfície segundo as definições de projeto. Na sua ausência, pode-se utilizar como referência a variação máxima de 2mm em uma régua de 2m;
- fissuração dentro da tolerância admitida (item 4.1).

5.3.6.8. Execução das juntas de movimentação

- posicionamento das juntas de trabalho segundo definição de projeto;
- alinhamento vertical e horizontal;
- observação de detalhe construtivo previsto em projeto para a posição das juntas estruturais.

5.3.6.9. Execução dos frisos

- períodos de trabalho tal que a finalização da execução coincida com um friso ou uma junta;
- posicionamento dos frisos segundo as especificações de projeto;
- alinhamento vertical e horizontal;
- acabamento dos frisos para possibilitar a emenda de panos.

5.3.6.10. Execução das quinas e cantos

- conferir esquadro, prumo e regularidade dos cantos;
- colocação das proteções contra ação mecânica em pavimentos com circulação de pessoas;

5.3.6.11. Execução dos requadros

- acabamento do revestimento junto aos peitoris, quando existentes;
- execução de requadros conjuntamente com o revestimento;
- nivelamento e caimento adequados.

Propõe-se que essas atividades de controle sejam realizadas durante as diversas etapas de execução do RDM segundo a Figura 5.35.

DIRETRIZES PARA EXECUÇÃO

Controle, inspeção e liberação do preparo de bases ou substrato	⇨	Antes da aplicação do chapisco
Controle, inspeção e liberação do chapisco	⇨	No mínimo 3 dias antes da aplicação do RDM
Controle, inspeção e liberação da definição do plano de referência	⇨	Antes da aplicação do RDM

Controle, inspeção das atividades durante a execução do RDM

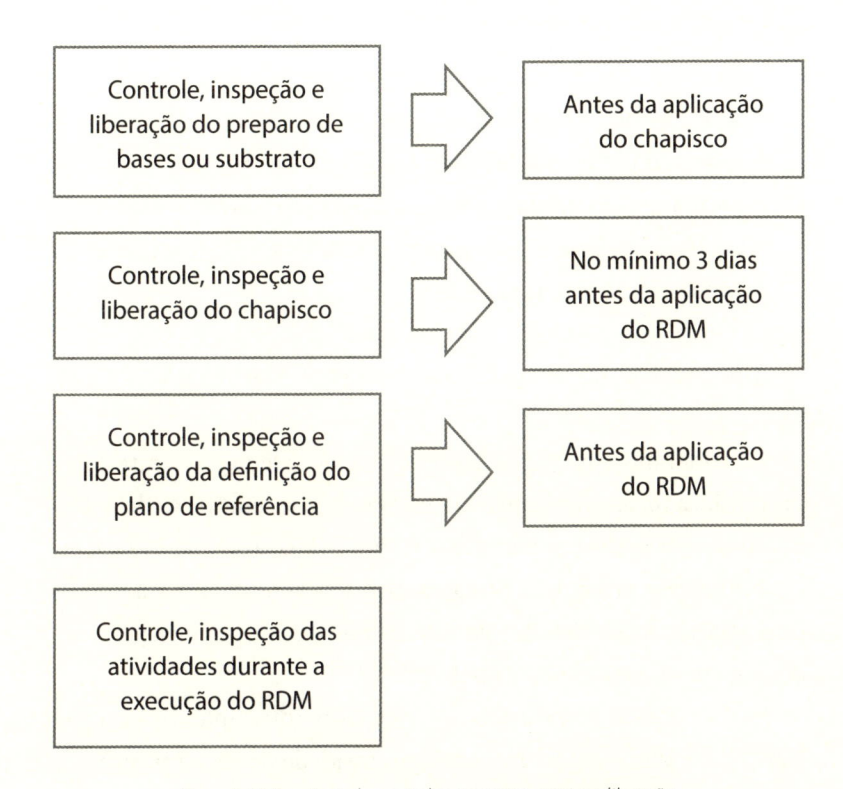

Figura 5.35. Sequência dos controles, inspeções, ensaios e liberação das etapas de execução dos revestimentos das fachadas.

5.3.7. Controle de recebimento

Concluídas as atividades de produção do RDM, os seguintes itens devem ser verificados pelo profissional responsável pelo controle de qualidade do serviço:
- terminalidade;
- limpeza da superfície do revestimento;
- planeza, prumo e nivelamento das superfícies do revestimento, segundo a definição do plano de qualidade;

- esquadro e alinhamento do eixo das quinas e cantos;
- esquadro e planicidade do requadro dos vãos;
- posicionamento e nivelamento das juntas de trabalho;
- rugosidade e integridade (dureza superficial) das superfícies;
- ocorrência de fissuras no revestimento, observando-se a tolerância definida em projeto (item 4.1);
- uniformidade da tonalidade dos panos;
- resistência de aderência do revestimento à base (itens 3.4.1 e 4.1).

Considerando-se que se tenha realizado adequado controle de produção, a maior parte das avaliações para o recebimento do revestimento é qualitativa, principalmente por inspeção visual. No entanto, os aspectos mecânicos do revestimento – integridade superficial e resistência de aderência – poderão ser avaliados por ensaios específicos, como os propostos no item 3.4.3.

Por se tratar de revestimento pigmentado, entretanto, ensaios mecânicos destrutivos podem levar à necessidade de recomposição de extensas superfícies, uma vez que o reparo somente do local onde o ensaio foi realizado pode resultar em diferença de tonalidade. Assim, antes que tais ensaios sejam realizados, recomenda-se uma avaliação qualitativa dessas propriedades. Para tanto, pode-se empregar o ensaio de percussão [49].

Nos casos em que tal avaliação resulte em dúvidas sobre a integridade do RDM, os ensaios de resistência de aderência e/ou superficial deverão ser realizados empregando-se as recomendações da NBR 13.258 [15].

6. MANUTENÇÃO

O edifício e suas partes são projetados e construídos para atender às necessidades de seus usuários ao longo da sua utilização. Para que o revestimento de fachada alcance a vida útil prevista, projeto e execução adequados necessitam ser complementados com procedimentos de conservação corretos e manutenção preventiva, os quais são brevemente discutidos na sequência.

6.1. Inspeção das fachadas, conservação e limpeza

Consiste em monitorar, ao longo do tempo, o desempenho do revestimento, considerando sua exposição a intempéries, possíveis deformações estruturais e movimentações térmicas e higroscópicas.

As inspeções devem ser periódicas e programadas e deverão ser feitas por empresa especializada em manutenção de fachadas.

A título de orientação, recomenda-se realizar essa inspeção ao final do primeiro ano e, posteriormente, a cada três anos.

O objetivo da primeira inspeção (final do primeiro ano) é observar se as características propostas em projeto continuam sendo atendidas após o edifício ter recebido os carregamentos previstos e ter sofrido, ao longo de um ano, as ações atmosféricas comuns. Essa inspeção deve gerar um relatório que servirá de subsídio para as inspeções futuras [49].

Caso sejam identificadas anomalias localizadas, elas poderão ser reparadas antes de evoluírem.

Previamente à realização da segunda inspeção, três anos após a primeira, recomenda-se lavar a fachada utilizando-se água aplicada com moderada pressurização com o jato na forma de leque, no sentido de cima para baixo, sem a utilização de qualquer detergente ou produto químico. O objetivo dessa lavagem é facilitar a observação visual, bem como eliminar impregnações de fuligem, escorrimentos ou microrganismos que aceleram a deterioração do revestimento [49].

As inspeções posteriores deverão ser precedidas da lavagem da fachada da mesma forma que na segunda inspeção.

Em função das condições ambientais a que o RDM estiver sujeito ao longo da sua vida útil, poderá ser necessário que sejam aplicados:
- sistema que recomponha as características originais da fachada como, por exemplo, hidrofugantes;
- sistema de pintura que continue permitindo a troca de vapor d'água, nos casos em que se deseje a mudança de cor;
- procedimento de revisão das condições construtivas de juntas e frisos.

Nesse período é possível, ainda, a ocorrência de problemas, dentre os quais se destacam fissuras e trincas, perda de aderência do revestimento e alteração do aspecto original. Ocorrendo, esses problemas precisarão ser tratados para que se recupere o nível de desempenho adequado às condições de utilização.

6.2. Principais problemas no RDM

6.2.1. Fissuras ou trincas

Considera-se a ocorrência de problemas de fissuras quando as aberturas na camada de revestimento são visíveis a olho nu e observadas a uma distância maior que 1m [25]. Neste caso, o problema pode ser apenas estético ou, ainda, tais aberturas podem permitir a penetração de umidade no interior do edifício, resultando em perda da estanqueidade da vedação.

Essas fissuras podem ter sua origem na execução do revestimento devido à retração de secagem da argamassa, vindo a se intensificar em função das solicitações mecânicas a que o revestimento está sujeito ao longo do período de utilização.

Nos casos em que as fissuras não tenham comprometido a estanqueidade ou mesmo a aderência do revestimento, é possível que sejam reparadas com o emprego de um sistema de pintura adequado. Nos casos em que há o comprometimento da estanqueidade, exige-se o reparo completo das fissuras, devendo-se utilizar procedimentos como, por exemplo, os indicados no trabalho de Lordsleem Jr. [56]. Nesses casos, deverá ser realizado um mapeamento completo da fachada complementado com informações sobre a ocorrência ou não de som cavo nas regiões fissuradas. O som cavo pode indicar o comprometimento da aderência do revestimento e, nesse caso, outras providências deverão ser tomadas (item 6.2.2).

6.2.2. Perda de aderência

O som cavo no revestimento é um indicativo de perda de aderência. Ao se detectar esse tipo de patologia, deve-se proceder a uma avaliação de toda a superfície do revestimento, registrando-a em desenhos ou esquemas para facilitar a análise. Fissuras poderão ocorrer concomitantemente a esse quadro patológico. [49]

Se ocorrer destacamento do revestimento, deverá ser verificada a extensão do dano, realizando-se ensaios de resistência de aderência por tração direta. Nos casos em que a resistência de aderência estiver abaixo do mínimo estabelecido em projeto, deverá ser feita uma avaliação quanto à possibilidade de se remover todo o revestimento. Nessas situações, a intervenção deverá ser promovida o mais rápido possível, eliminando-se riscos com a segurança dos usuários.

Quando da necessidade de reparo de áreas limitadas do revestimento, dificilmente será possível executar o RDM na mesma tonalidade do revestimento remanescente. Nesse caso, possivelmente deverá ocorrer a repintura de toda a fachada ou de trechos quando a arquitetura assim o permitir.

Os procedimentos de intervenção deverão ser propostos por profissional especializado, à luz dos registros efetuados durante a execução bem como do projeto de revestimento.

6.2.3. Alteração no aspecto original do RDM

Trata-se de um problema que afeta principalmente a estética do edifício e é facilmente identificado por inspeção visual de toda a fachada, observando-se alterações como descoloração, manchas, esfarelamentos e eflorescências. [49]

As manchas estão relacionadas a fatores como poluição atmosférica, ação da água ou mesmo pela proliferação de microrganismos. [55]

A poluição atmosférica contribui para a deterioração de fachadas de edifícios principalmente em função do acúmulo de sujeira ou de outros materiais particulados presentes na atmosfera sobre a superfície do revestimento.

Em meios urbanos com atmosfera industrial, a incidência de manchas nos revestimentos, causadas pela poluição, é muito mais intensa do que em edifícios localizados no campo, em montanhas ou cidades do interior.

Um fator que governa a intensidade das manchas é a rugosidade superficial do revestimento. Em ambientes cuja poluição é elevada, a superfície mais lisa é mais propícia à minimização desses problemas. Entretanto, no RDM, os acabamentos superficiais mais utilizados são os rugosos (raspado, flocado, travertino), havendo maior potencial de aparecimento de manchas causadas pela poluição, conforme mostra a Figura 6.1.

Figura 6.1. Manchas causadas por poluição atmosférica em RDM em edifício executado há 10 anos (foto tirada em julho de 2012).

Há também manchas provocadas pelo escorrimento de água sobre a fachada decorrente da ausência de detalhes construtivos que permitam o "destacamento" da lâmina d'água proveniente de chuvas. A chuva acaba "lavando" a fachada e levando consigo as sujidades presentes principalmente em superfícies horizontais. Em função dessa ação, é comum, por exemplo, ocorrerem manchas junto ao peitoril logo abaixo da janela, como visto na Figura 6.2. Um peitoril com adequadas dimensões e provido de pingadeira (item 4.2.1) pode minimizar ou mesmo eliminar esse tipo de mancha.

Figura 6.2. Mancha causada por escorrimento em peitoril em RDM (foto tirada em julho de 2012).

Microrganismos como fungos, musgos e algas, quando fixados à superfície dos revestimentos, também podem causar alterações estéticas. Esses micro-organismos formam manchas escuras indesejáveis em tonalidades preta, marrom ou verde ou, ocasionalmente, manchas claras esbranquiçadas ou amareladas. [69]

Apesar de os fungos serem os principais microrganismos do processo de deterioração do revestimento em edificações, também as bactérias e algas têm sido frequentemente encontradas em ambientes interiores e exteriores. [69]

Os manuais do proprietário e do condomínio devem contemplar informações que permitam realizar a correta manutenção dos RDM.

CONSIDERAÇÕES FINAIS

O conteúdo deste livro foi elaborado a partir de uma cuidadosa revisão bibliográfica sobre o tema RDM associada a visitas a canteiros de obras de edifícios de múltiplos pavimentos com estrutura reticulada de concreto armado ou de alvenaria estrutural, na cidade de São Paulo, que utilizaram ou estavam utilizando o RDM nas suas fachadas. Além disso, foram consultados os principais fabricantes de ARDM, tendo-se realizado visitas em suas instalações fabris.

Essas ações possibilitaram registrar o histórico do uso do RDM no Brasil, além de compreender o seu comportamento e, com isso, identificar as principais variáveis que influenciam no seu desempenho. Pode-se, ainda, caracterizar as técnicas construtivas identificando-se os principais cuidados a serem tomados ao longo da produção. Com tudo isso foi possível propor o que se poderia chamar de melhores práticas de projeto e de produção.

A revisão bibliográfica e as visitas realizadas contribuíram, também, para que se tivesse contato com as dificuldades e problemas potenciais do sistema RDM, o que permitiu traçar diretrizes para a sua manutenção, visando ao aumento da sua vida útil.

Espera-se, portanto, que os registros deste livro possam contribuir com os que desejam se aprofundar no conhecimento desse sistema de revestimento, bem como com os que se dedicam à elaboração de projeto e à produção de revestimentos. Espera-se, também, que se torne importante subsídio àqueles que estão em formação nas diversas áreas de conhecimento que envolvem a produção de edifícios.

REFERÊNCIAS BIBLIOGRÁFICAS

[1] ALMEIDA JR, H.; LOPEZ, I. J.; MARTINS, J. M.; SABBATINI, F. H.. *Avaliação dos revestimentos produzidos com argamassas industrializadas.* In: SIMPÓSIO BRASILEIRO DE TECNOLOGIA DAS ARGAMASSAS, 1., Goiânia , 1995. Anais. Goiânia: SBTA, 1995. p. 236-46.

[2] ALVES, A. S. *Estudo da propriedade resistência superficial em revestimento de argamassa.* 2009. Dissertação (Mestrado) – Escola de Engenharia Civil, Universidade Federal de Goiás. Goiânia, 2009.

[3] ANVI – Equipamentos para construção civil do Brasil. Disponível em: <http://www.anvi.com.br/index.html>. Acesso em: 2 jul. 2012.

[4] ASSOCIAÇÃO BRASILEIRA DE CIMENTO PORTLAND (São Paulo) (Org.). Manual de revestimentos. São Paulo, 2002. 104 p. Disponível em: <www.comunidadedaconstrucao.com.br>. Acesso em: 9 ago. 2012.

[5] ASSOCIAÇÃO BRASILEIRA DE NORMAS TÉCNICAS. (ABNT). *Cimento Portland*: determinação de resíduo insolúvel – NBR 5744. Rio de Janeiro, 1989.

[6] _____. *Execução de revestimento de paredes e tetos de argamassas inorgânicas*: procedimento – NBR 7200. Rio de Janeiro, 1998.

[7] _____. *Divisórias leves internas moduladas*: verificação da resistência a impactos – Método de ensaio – NBR 11675. Rio de Janeiro, 1990.

[8] _____. *Sistemas de gestão da qualidade* – NBR ISO 9001. Rio de Janeiro, 2008.

[9] _____. *Argamassa para assentamento e revestimento de paredes e tetos*: determinação da retenção de água – NBR 13277. Rio de Janeiro, 2005.

[10] _____. *Argamassa para assentamento e revestimento de paredes e tetos*: determinação da densidade de massa e do teor de ar incorporado – NBR 13278. Rio de Janeiro, 2005.

[11] ____. *Argamassa para assentamento e revestimento de paredes e tetos:* determinação da resistência à tração na flexão e à compressão – NBR 13279. Rio de Janeiro, 2005.

[12] ____. *Argamassa para assentamento e revestimento de paredes e tetos:* determinação da resistência à tração na flexão e à compressão – NBR 13280. Rio de Janeiro, 2005.

[13] ____. *Argamassa para assentamento e revestimento de paredes e tetos:* especificação – NBR 13281. Rio de Janeiro, 1995.

[14] ____. *Cimento Portland e outros materiais em pó:* determinação da massa específica – NM 23. Rio de Janeiro, 2001.

[15] ____. *Revestimento de paredes e tetos de argamassas inorgânicas:* determinação da resistência de aderência à tração – NBR 13528. Rio de Janeiro, 2010.

[16] ____. *Revestimento de paredes e tetos de argamassas inorgânicas:* terminologia – NBR 13529. Rio de Janeiro, 1995.

[17] ____. *Revestimento de paredes e tetos de argamassas inorgânicas:* classificação – NBR 13530. Rio de Janeiro, 1995.

[18] ____. *Revestimento de paredes e tetos de argamassas inorgânicas:* especificação – NBR 13749. Rio de Janeiro, 1996.

[19] ____. *Revestimento de paredes externas e fachadas com placas cerâmicas e com utilização de argamassa colante:* procedimento – NBR 13755. Rio de Janeiro, 1996.

[20] ____. *Argamassa para revestimento de paredes e tetos:* determinação da resistência potencial de aderência à tração – NBR 15258. Rio de Janeiro, 2005.

[21] ____. *Argamassa para assentamento e revestimento de paredes e tetos:* determinação da absorção de água por capilaridade e do coeficiente de capilaridade – NBR 15259. Rio de Janeiro, 2005.

[22] ____. *Argamassa para assentamento e revestimento de paredes e tetos:* determinação da variação dimensional (retratação ou expansão linear) – NBR 15261. Rio de Janeiro, 2005.

[23] ____. *Argamassa para assentamento e revestimento de paredes e tetos:* determinação do módulo de elasticidade dinâmico através da propagação de onda ultrassônica – NBR 15630. Rio de Janeiro, 2009.

[24] _____. *Edifícios habitacionais*: desempenho parte 1 – requisitos gerais – NBR 15575. Rio de Janeiro, 2012.

[25] _____. *Edifícios habitacionais*: desempenho parte 4 – requisitos para sistemas de vedações verticais externas e internas – NBR 15575. Rio de Janeiro, 2012.

[26] BAÍA, Luciana Leone Maciel; SABBATINI, Fernando Henrique. *Projeto e execução de revestimento de argamassa*. 4. ed. São Paulo: O Nome da Rosa, 2001. 88 p.

[27] BARROS, M. M. B. Revestimento mínimo: entrevista. *Téchne*, São Paulo, n. 58, p. 14-16, jan. 2002.

[28] BARROS, M. M. B. et. al. *Patologia em revestimentos verticais*. São Paulo, EPUSP-PCC, 2000.

[29] BARROS, M. M. B.; SABBATINI, F. H. Avaliação das características de alvenarias assentadas com argamassas industrializadas. In: SIMPÓSIO BRASILEIRO DE TECNOLOGIA DAS ARGAMASSAS, 1., Goiás, 1995. Anais. Goiás: SBTA, 1995. p. 143-152.

[30] BAUER, R. J. F. *Patologia em revestimentos de argamassa inorgânica*. In: SIMPÓSIO BRASILEIRO DE TECNOLOGIA DAS ARGAMASSAS, 2., Salvador, 1997. Anais. Salvador: SBTA, 1997. p. 321-33.

[31] CAPOZZI, S. Materiais: fachada paulistana. *Construção*, São Paulo, v. 50, n. 2.540, p. 18-9, jun. 1996.

[32] CARASEK, H. *Aderência de argamassa à base de cimento Portland a substratos porosos*: avaliação dos fatores intervenientes e contribuição ao estudo do mecanismo de ligação. 1996. 285 p. Tese (Doutorado) – Escola Politécnica, Universidade de São Paulo, São Paulo, 1996.

[33] CARASEK, H.; CASCUDO, O.; SCARTEZINI, L. M. *Importância dos materiais na aderência dos revestimentos de argamassas*. In: SIMPÓSIO BRASILEIRO DE TECNOLOGIA DAS ARGAMASSAS, 4., Brasília, 2001. Anais. Brasília: SBTA, 2001. p. 43-67.

[34] CARNEIRO, A. M. P.; CINCOTTO, M. A. *Requisitos e critérios de desempenho para revestimento de camada única em argamassa de cimento e cal*. In: SIMPÓSIO BRASILEIRO DE TECNOLOGIA DAS ARGAMASSAS, 1., Goiânia, 1995. Anais. Goiânia: SBTA, 1995. p. 326-37.

[35] CENTRE SCIENTIFIQUE ET TECHNIQUE DU BATIMENT. (CSTB). Modalités d'essais. France, n. 2669-4, juin/août, 1993. 7 p.

[36] _____. *Certification CSTB des enduits monocouches d'imperméabilisation*: cahier des prescriptions techniques d'emploi et de mise em æuvre. Paris, n. 2669-2, juil./août, 1993. 12 p.

[37] _____. *Certificats CSTB des enduits monocouches d' imperméabilisation*: reglement technique. Paris, 3 avril, 1998. 16 p.

[38] _____. *Classification des caracteristiques des enduits MERUC*. Paris, n. 2669-3, juil./août, 1993. 4 p.

[39] _____. *Contróles internes*. Paris, n. 2669-5, juil./août, 1993. 3 p.

[40] _____. D.T.U. 26.1 – *Traux d'enduits aux mortiers de liante hydrauliques*: cahiers des charges. Paris, CSTB, sep. 1978, 28 p.

[41] _____. *Note d'information sur les caractéristiques et le comportement des enduits extérieurs d'impermeabilisation de mur à base de liants hydrauliques*. Paris, CSTB, Cahier 1978, juin 1982.

[42] CINCOTTO, M. A. et.al. *Argamassa de revestimento*: características, propriedades e métodos de ensaio. São Paulo: IPT, 1995. 118 p. (Publicação IPT, 2.378).

[43] CINCOTTO, M. A. *Patologia das argamassas de revestimento*: análise e recomendações. 2. ed. São Paulo: IPT, 1989.

[44] CRESCENCIO, R. M. *Desempenho do revestimento decorativo monocamada*. 2003. Dissertação (Mestrado) – Escola Politécnica, Universidade de São Paulo, São Paulo, 2003.

[45] CRESCENCIO, R. M.; BARROS M. M. S. B. *Revestimento decorativo monocamada*: produção e manifestações patológicas. São Paulo: EPUSP, 2005. 33 p. Boletim técnico do Departamento de Engenharia de Construção Civil, BT 389/ 2005.

[46] CRESCENCIO, R. M; BARROS, M. M. S. B. *Avaliação da estanqueidade do revestimento decorativo monocamada à água de chuva*. In: SIMPÓSIO BRASILEIRO DE TECNOLOGIA DAS ARGAMASSAS, 6., Florianópolis, 2005. Anais. Goiânia: SBTA, 2005. p. 540-50.

[47] EUROPEAN COMMITEE FOR STANDARDIZATION. *Specification for mortar for masonry – Part 1*: rendering and plastering mortar with inorganic binding agents. Pr EN998-1 – 1993.

[48] EUROPEAN STANDARDS. *Design, preparation and application of external rendering and internal plastering – Part 1*: external rendering. EN 13914-1 – 2005.

[49] HABITARE. *Recomendações técnicas HABITARE Volume 1*: revestimentos de argamassas. Disponível em: <http://www.habitare.org.br/publicacoes_recomendacao1.>. Acesso em: 2 jul. 2012.

[50] INSTITUTO DE PESQUISAS TECNOLÓGICAS. *Critérios mínimos de desempenho para habitações térreas de interesse social*. São Paulo: IPT, 1998.

[51] INSTITUTO DE PESQUISAS TECNOLÓGICAS. *Referência técnica 23*: argamassa decorativa para revestimento de fachadas "weber.pral Classic – SE". São Paulo, IPT, nov. 2003. 5 p.

[52] LABORATÓRIO NACIONAL DE ENGENHARIA CIVIL – LNEC. *FE Pa 25 – Ficha de ensaio*: revestimentos de paredes – ensaio de choque de esfera. Lisboa, Portugal, 1980.

[53] LABORATÓRIO NACIONAL DE ENGENHARIA CIVIL – LNEC. *FE Pa 28 – Ficha de ensaio*: revestimentos de paredes – ensaio de abrasão. Lisboa, Portugal, 1980.

[54] LEJEUNNE, C. A contribuição francesa para revestimentos externos. *Téchne*, São Paulo, n. 22, p. 30-34, 1996.

[55] LOGEAIS, L. L'Étanchéité a l'eau des Façades Lourdes. *Qualité construction*: statistiques et patologie (Deuxième partie), v. 2. 1ère edition. E. G., 1989.

[56] LORDSLEEM JR., A. C. *Sistemas de recuperação de fissuras da alvenaria de vedação*: avaliação da capacidade de deformação. 1997. 174 p. Dissertação (Mestrado) – Escola Politécnica, Universidade de São Paulo, São Paulo, 1997.

[57] MACIEL, Luciana Leone; BARROS, Mércia M. S. Bottura; SABBATINI, Fernando Henrique. *Recomendações para a execução de revestimentos de argamassa para paredes de vedação internas e exteriores e tetos*. 1998. Disponível em: <http://pcc2436.pcc.usp.br>. Acesso em: 2 jul. 2012.

[58] PBQPH. *PBQPH – Programa Brasileiro de Qualidade e Produtividade do Habitat*. Disponível em: <http://www.cidades.gov.br/pbqp-h/>. Acesso em: 2 jul. 2012.

[59] QUARTZOLIT. *Monocapa no mundo*. (slides). São Paulo, 2001.

[60] QUARTZOLIT. *Patologias em revestimentos monocapa* (documento interno). São Paulo, 2001.

[61] RÉUNION INTERNATIONAL DES LABORATOIRES D' ESSAIS ET MATÉRIAX. RILEM. *Characterization of the abrasion resistance of redering by means of a Rotary brush – MR9*. Paris, RILEM, 1982.

[62] RIBEIRO, Fabiana Andrade; BARROS, Mércia Maria Semensato Bottura. *Juntas de movimentação em revestimentos cerâmicos de fachadas*. 1. ed. São Paulo: Pini, 2010. 142 p.

[63] SABATINI, F. H. et. al. *Desenvolvimento tecnológico de métodos construtivos para alvenarias e revestimentos*. (Projeto EP/EN-1 documento 1.D), São Paulo: EPUSP, nov. 1988.

[64] SABBATINI, F. H.; BARROS, M. M. S. B. *Recomendações para produção de revestimentos cerâmicos para paredes de vedação em alvenaria*. São Paulo, EPUSP-PCC, 1990 (Documento Rt – R6/06, Projeto EP-EN-6).

[65] SABBATINI, F. H.; FRANCO, L. S. *Tecnologia de produção de vedações verticais*: notas de aula da disciplina PCC 5012. São Paulo, EPUSP-PCC, 1997. Não impresso.

[66] SBTA. *SBTA – Simpósio Brasileiro de Tecnologia da Argamassa*. Disponível em: <http://www.gtargamassas.org.br/eventos>. Acesso em: 2 jul. 2012.

[67] SELMO, S. M. S. *Dosagem de argamassas de cimento Portland e cal para revestimento externo dos edifícios*. 1989. 206 p. Dissertação (Mestrado) – Escola Politécnica, Universidade de São Paulo, São Paulo, 1989.

[68] SELMO, S. M. S. et. al. *Propriedades e especificações de argamassas industrializadas de múltiplo uso*. São Paulo, EPUSP, 2002 (BT/PCC/310). 27 p.

[69] SHIRAKAWA, M. A. et.al. *Identificação de fungos em revestimentos de argamassa com bolor evidente*. In: SIMPÓSIO BRASILEIRO DE TECNOLOGIA DAS ARGAMASSAS, 1., Goiânia, 1995. Anais. Goiânia: SBTA, 1995. p. 402-10.

[70] TEMOCHE ESQUIVEL, J. F. *Avaliação da influência do choque térmico na aderência dos revestimentos de argamassa*. 2009. Tese (Doutorado) – Escola Politécnica, Universidade de São Paulo, São Paulo, 2009.

[71] WEBER QUARTZOLIT (Brasil). *Detalhes construtivos*: revestimento decorativo monocapa. São Paulo, 2008.